中国传统建筑装饰艺术

门窗艺术（下册）

黄汉民 著

中国建筑工业出版社

图书在版编目（CIP）数据

门窗艺术（下册）／黄汉民著．—北京：中国建筑工业出版社，2010.9
（中国传统建筑装饰艺术）
ISBN 978-7-112-12242-4

Ⅰ．门… Ⅱ．黄… Ⅲ．①门-建筑装饰-建筑艺术-中国②窗-建筑装饰-建筑艺术-中国 Ⅳ．①TU228

中国版本图书馆CIP数据核字（2010）第134227号

策　　划：张惠珍　楼庆西　黄汉民
责任编辑：张振光　费海玲
装帧设计：朱　锷
责任设计：李志立
设计制作：李　婷（朱锷设计事务所）
责任校对：陈晶晶　王　颖

中国传统建筑装饰艺术

门窗艺术　（下册）

黄汉民　著

*

中国建筑工业出版社出版、发行（北京西郊百万庄）
各地新华书店、建筑书店经销
北京画中画印刷有限公司印刷

*

开本：880×1230毫米　1/16　印张：10 1/2　字数：300千字
2010年9月第一版　2011年8月第二次印刷
定价：68.00元
ISBN 978-7-112-12242-4
　　（19611）

版权所有　　翻印必究
如有印装质量问题，可寄本社退换
（邮政编码　100037）

《中国传统建筑装饰艺术》编委会

编委会主任：罗哲文
编委会副主任：张惠珍　楼庆西　黄汉民
委　　　员：（按姓氏笔画排序）

马炳坚　王力军　王其钧
田　健　孙大章　朱　锷
刘大可　刘　捷　李　敏
张伏虎　张振光　陈同滨
费海玲　韩昌凯　薛林平

目录

门窗艺术（下册）

001 —— 引言

002 —— **地域特色 丰富多彩**

徽州乡土建筑的窗饰
——徽州文化的物化表现 —————— 002

浙江乡土建筑的窗饰
——儒家文化传人的代表作 —————— 020

江西乡土建筑的窗饰
——"江右商帮"个性的诠释 —————— 029

山西乡土建筑的窗饰
——晋商文化的典型代表 —————— 039

福建乡土建筑的窗饰
——大陆文化与海洋文化交汇的产物 —————— 044

广东乡土建筑的窗饰
——岭南文化的巅峰之作 —————— 062

中国窑洞的窗饰
——适应地域生态环境的创造 —————— 068

福建土楼的窗饰
——对特殊社会历史环境的应对 —————— 071

077 —— **少数民族 风格迥异**

藏族建筑的窗饰 —————— 077

蒙古族民居的窗饰 —————— 081

白族民居的窗饰 —————— 083

纳西族民居的窗饰	088
维吾尔族民居的窗饰	090

093　赏心悦目　美不胜收

门窗装饰的形式美	093
窗格线条的韵律美	095
门窗装饰的空间美	103
门窗装饰的色彩美	108
门窗装饰的工艺美	112
门窗装饰的寓意美	124
窗格图案的残缺美	131
变形汉字的装饰美	135
龙纹装饰的独特美	148

158　附：门窗艺术（上册）目录

159　后记

引言

这是一本介绍中国传统门窗装饰的专辑，这里需要说明几点：

1. 门窗装饰是中国传统建筑装饰的重要组成部分，本书介绍的范围仅限窗户装饰。书中介绍的门窗中的"门"，仅限于传统建筑中带漏花的房门和隔扇。这类房门实际上是一种落地窗，显然不包括城门、宫门、楼门以及住宅户门等。

2. 对于中国传统建筑门窗装饰的介绍很多，此类专著也不少，但大都是局限于某一民族、某一地区的门窗装饰。本书则试图涵盖全国有代表性的地区、民族以及各种建筑类型传统建筑的门窗装饰，力求能反映整体的概貌。虽然还不可能做到十分全面、深入，但就作为一次尝试吧。

3. 中国幅员辽阔，各地区的历史、地理环境和气候差异明显，中国又是一个多民族的国家，因此各民族间文化、习俗差异显著。本书力图对不同地域建筑的门窗装饰进行比较研究，以期更深刻地了解不同地区、不同民族、不同类型传统建筑门窗装饰的个性特色。

4. 门窗装饰的形式、风格与地域的自然地理环境、历史人文环境息息相关。本书从自然和人文环境的角度切入，努力解读不同地域传统门窗装饰的文化内涵，以期更深入地了解传统门窗装饰的历史价值、科学价值和艺术价值。

5. 门窗装饰作为视觉艺术和图形语言，单纯用文字、言语很难准确表达，只有用实物照片才能真实完美地展现。因此本书除了研究分析之外，重点乃实物照片展示，便于人们参考、选用，使这个传统的艺术奇葩能更好地为现代生活服务。

地域特色 丰富多彩

乡土建筑是中国传统建筑中数量最多、与人民生活联系最紧密的一种建筑类型。中国幅员辽阔，历史环境、生态环境南北不同、东西存异。反映在建筑的门窗装饰上，同样表现出明显的地域差别。在中国几乎各个省都有其地域特色。这里只能列举几个典型省份和比较特殊的建筑类型择其要加以阐述，力求反映中国乡土建筑门窗装饰的整体面貌。但总难免挂一漏万，期望日后能继续补充，使之更加全面、充实。

徽州乡土建筑的窗饰
——徽州文化的物化表现

徽州民居是中国最有特色的一种民居形式，它之所以列入世界文化遗产名录，正是由于它的独特性与唯一性。而徽州民居的门窗雕饰，以其鲜明的特色，成为世界级文化遗产浓墨重彩的一笔。

徽州素以奇峰、怪石、清溪、古树、飞瀑称绝，其秀美的山水是吸纳北方士族的重要原因。徽州自古被誉为"江南邹鲁"、"程朱阙里"。徽州先民源自北方衣冠士族，虽躲进深山、耕樵自给，仍保留昌盛的文风。"远山深谷、居民之处，莫不有学有师"，"十户之村，无废诵读"。自宋以后兴建众多书院、精舍，不少古村落都有文昌阁、魁星阁、文峰塔等，这些都是封建时代徽州精神文明的物化表现。得天独厚的自然环境和社会环境陶冶了徽人平淡自然、率真拙朴的艺术旨趣。

明中叶至清道光300余年间，是徽商的鼎盛时期。无论在经商人数、经营行业、商业资本和活动范围等方面，徽商都居全国商人集团之首。清代两淮八总盐商，徽商就占了一半。以至乾隆皇帝感慨"富哉徽商，朕不及也"，因此长江中下游一带，才有"无徽不成镇"之说。徽商"贾而好儒"，广交文人骚客。其重"儒"的价值取向，决定了他们重"名节"而不恋"享乐"。将"家"、"业"并称，作为成功的标志，他们以其雄厚的经济实力反哺家乡，在家乡"修祠堂、建园第"，以光宗耀祖，实现自身价值。徽州的宗祠堂皇瑰丽、规模宏大，徽州的民居古朴凝重、雕饰精美、工艺精湛，保留了较多唐宋的做法，凝结了深厚的文化积淀。

徽州商人的炫富夸耀和退隐官宦的风情雅趣，都在徽州民居的门窗雕饰中巧妙融合、集中体现，它直抒宅主的情趣胸臆，深藏丰蕴的人文内涵。

一踏入徽州民居的大门就是一个进深浅且窄长的天井。正中的厅堂对天井开敞。人们置身天井环顾四周，可见四个界面满布雕饰：除了冬瓜梁和牛腿的木雕之外，就是占据面积最大、最引人注目的门窗雕饰。中厅两边厢房的"小姐窗"和天井两侧的"莲花门"及风窗，布满木雕及镂空花饰。

"小姐窗"是徽州民居特有的一种窗户形式。它自上而下由窗扇、窗腰板、窗肚板三段组合而成。窗扇中可开启部分很小，周围是固定的雕花漏窗。开启部分窗扇为双层窗，外开的窗扇为透空漏窗，雕饰精致，具有装饰与遮掩的功能；内开的窗扇为直棂式，简洁、通透，主要作用是通风采光兼防盗。窗腰板为固定的浮雕板，纯粹起装饰作用。窗腰板又称"手提板"，俗称"遮丑窗"。窗肚板在窗的下部，位处站立天井中人的平视高度，其细密的镂空雕饰，有效地遮挡了外人的窥视，在满足室内通风采光的前提下，确保了卧室的私密性。一些"小姐窗"的窗顶两角各置一个小小的木雕件，俗称"窗绳"，起到装饰点缀作用，更丰富了"小姐窗"的造型。

"莲花门"用作天井两侧廊道和楼梯间的隔扇，有的固定，有的开启，固定则具窗的功能，开启则起门的作用。其立面划分完全相同：自上而下通常由眉板、胸板、腰板和裙板构成，均施精致的木浮雕，仅仅胸板做成镂空，实际上就是一种落地窗。

安徽省黟县卢村的"志诚堂"俗称"木雕楼"，是徽州民居门窗雕饰的精品。环绕天井四周的门窗雕刻技法多样、层次繁复、精美绝伦。天井两侧"莲花门"的胸板上，镂空雕刻龙凤呈祥，画面上双凤组成福字，嵌在圆形之中，两侧龙纹图案对称布局，构成双龙戏珠的寓意。上下一福一寿，谓之福寿双全。窗的腰板分成数段，浮雕"百子闹元宵"、"三英战吕布"等历史故事和民俗画面。

厅堂两侧的梢间设开扇窗，窗扇格心为精致的镂空花格。窗下墙部分浮雕整幅的"竹林七贤"穿插"八骏图"，活灵活现。据说"木雕楼"的房主倾其家财精雕细刻，整整花了14年时间才得以完成，以至家财耗尽濒临破产。土改时没划为地主成分，房子未被没收，留给了后代，得以完好保存至今。"文革"中房主因担心受冲击，自己先行"破四旧"，把一些雕刻人物的脸部铲平。其中有一幅浮雕画面，表现的是骑在马上的书生，在赶考途中巧逢猿猴，谐音"马上封侯"。书生、书童、马、猴以及路边官家，如同唐僧师徒西天取经的画面构图，紧凑生动。只遗憾官家、书生脸部被铲平，好在属于"贫下中农"的书童的脸得以幸存，所以至今可以看到他由于主子即将封侯而喜形于色的神情。

安徽省黟县塔川村"积余堂"的门窗，是徽州门窗雕饰的一个典型实例。宅堂系清乾隆年间吴姓盐商所建，至今已200多年。宅中天井周围有四扇"小姐窗"，其窗肚板是四幅浮雕，雕饰内容分别为教育启蒙、寒窗苦读、考场历练、功成名就。生动地描绘了人生追求功名的全过程。两侧十六扇莲花门的腰板上精雕唐宋诗词画面，并配上蝇头小楷的诗句。如唐代诗人韦应物脍炙人口的优美山水诗，七绝名篇《滁州西涧》（独怜幽草涧边生，上有黄鹂深树鸣。春潮带雨晚来急，野渡无人舟自横）；唐代诗人张继的名诗《枫桥夜泊》（月落乌啼霜满天，江枫渔火对愁眠。姑苏城外寒山寺，夜半钟声到客船）；宋代诗人徐元杰的《湖上》（花开红树乱莺啼，草长平湖白鹭飞。风日晴和人意好，夕阳箫鼓几船归）；南宋诗人翁卷描写初夏农村美景的名篇《乡村四月》（绿遍山原白满川，子规声里雨如烟。乡村四月闲人少，才了蚕桑又插田）。自然美景与劳动生活融为一体，一幅幅和谐的山水画面，宛如一页页画面生动的教科书。其胸板镂空雕刻中镶嵌了各式建筑题材的雕刻：或楼或阁或廊或亭，建筑式样繁多、空间组合多变、布局层次丰富。小小天井的四个界面，就像四片观赏墙，俨然是一个丰富的木雕画廊，犹如世代相传的一本教科书，令人叹为观止。徽州民居的门窗雕饰，以其深厚的文化积淀，成为徽州文化的重要实物载体。

（1）

（2）

徽州乡土建筑的窗饰——安徽民居"小姐窗"（1）（2）

徽州乡土建筑的窗饰——安徽歙县 （1）

（2） （3）

徽州乡土建筑的窗饰——安徽黄山潜口明园（1）~（3）

徽州乡土建筑的窗饰（正厅）——安徽黟县卢村志诚堂

徽州乡土建筑的窗饰（莲花门）——安徽黟县卢村志诚堂

徽州乡土建筑的窗饰（"竹林七贤"、"八骏图"浮雕）——安徽黟县卢村志诚堂

徽州乡土建筑的窗饰（"马上封侯"浮雕）——安徽黟县卢村志诚堂

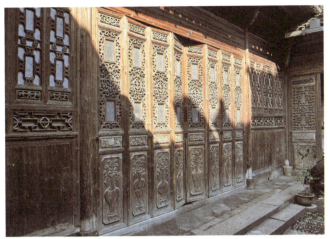
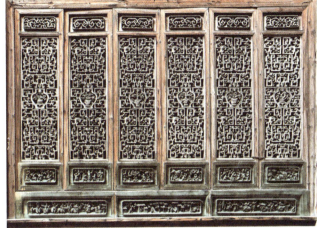

（1）　　　　　　　　　　　徽州乡土建筑的窗饰（厢房开扇窗）——安徽黟县卢村志诚堂

（2）　　　　　　　　　　　　　（3）　　　　　　　　　　　　（4）

徽州乡土建筑的窗饰——安徽黟县卢村（1）~（4）

（1）　　　　　　　　　　　　　　　　（2）　　　　　　　　　　　　　　　　（3）

徽州乡土建筑的窗饰——安徽黟县塔川村（1）~（3）

（1）　　　　　　　　　　　　　　　　　　　　　　（2）

（3）

（4）

徽州乡土建筑的窗饰——安徽屯溪程氏三宅（1）~（4）

（1）

（2）

（3）

徽州乡土建筑的窗饰——安徽黟县西递村（1）~（3）

(1) (2)

徽州乡土建筑的窗饰——安徽黟县西递村（1）（2）

徽州乡土建筑的窗饰——安徽黄山呈坎

(1)

(2)

(3)

(4)

徽州乡土建筑的窗饰——安徽黟县塔川村积余堂（1）~（4）

(1)

(2)

(3)

(4)

徽州乡土建筑的窗饰——安徽黟县塔川村积余堂（1）~（4）

门窗艺术

(1)　　　　　　　　　(2)　　　　　　　　　(3)　　　　　　　　　(4)

徽州乡土建筑的窗饰——安徽黟县宏村（1）～（4）

(1)

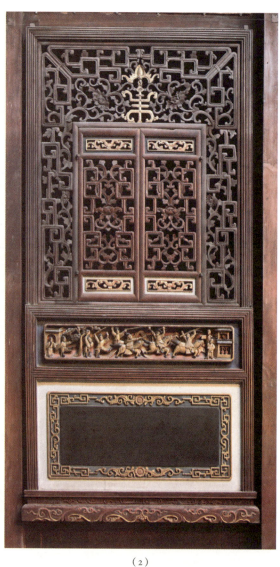

(2)

(3)

(4)

徽州乡土建筑的窗饰——安徽黟县宏村（1）~（4）

徽州乡土建筑的窗饰——安徽黟县宏村（1）~（4）

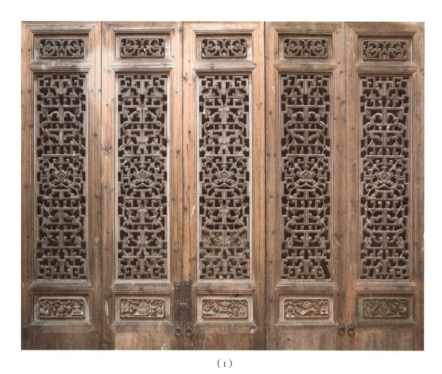

（1）

（2）

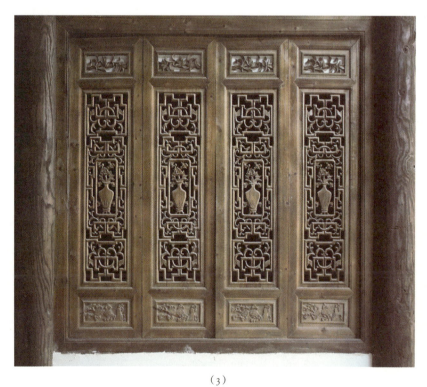

（3）

（4）

徽州乡土建筑的窗饰——江西婺源李坑（1）~（4）

徽州乡土建筑的窗饰——江西婺源李坑（1）（2）

徽州乡土建筑的窗饰——江西婺源思溪村百寿花厅（1）（2）

徽州乡土建筑的窗饰——江西婺源思溪村继志堂

徽州乡土建筑的窗饰——江西婺源思溪村银库

(1)

(2)

徽州乡土建筑的窗饰——江西婺源延村余庆堂（1）（2）

徽州乡土建筑的窗饰（山羊）——江西婺源延村余庆堂

徽州乡土建筑的窗饰（麒麟）——江西婺源延村余庆堂

浙江乡土建筑的窗饰
——儒家文化传人的代表作

秦代浙江还是百越杂处的蛮夷之地。永嘉之乱后晋室南迁，当时浙江已成名士雅集之地。北方先进技术与南方水田种植经验的融合，促进了江南经济的发展。历经隋唐盛世，浙江已成国家财赋重地。期间浙江建筑技术的发展已超越中原。北宋年间，杭州匠人余皓进京，就是南方建筑技术反哺北方的明证。南宋定都临安（杭州），此时浙江建筑技术更是空前繁荣，尤其是以东阳为代表的木雕技术。

东阳在三国时仅是一个小郡，郡治在今天的金华。东阳与潮州、福州、台州为中国四大木雕产地，然而只有东阳与潮州的木雕与建筑相关，并与建筑装饰完美结合。东阳的木雕圆润、精致，主要用于建筑的梁架、斗栱、牛腿、雀替、门窗等部位。以东阳为代表的浙江传统建筑的门窗雕饰同样以其独特的风格与特色闻名海内外。

东阳传统建筑的门窗分牖窗与木门窗两大类。

牖窗作为外墙上的窗洞，只设木板窗扇或简单的木格栅。牖窗的重点装饰集中在窗罩、窗楣和窗框。以义乌的"黄山八面厅"为例，其外立面上的牖窗十分考究，窗罩、窗框为精致的砖雕。内院墙体上的牖窗比较简单，窗罩为出挑的砖檐，造型简洁。窗罩没有紧挨窗洞顶，而是空开一段墙面，饰以黑白图案的窗楣，朴实无华。这是地域独特的牖窗装饰形式。

东阳传统的木门窗，包括落地门窗隔扇和槛窗。落地门窗隔扇作为室内外空间的分隔，开启活络、可装可卸。其门扇按传统做法分格：自上而下由绦环板（俗称"天头"）、格心、绦环板（俗称"锁腰板"或"腰板"）和裙板（俗称"夹堂板"）组成。槛窗的窗扇通常分格成上冒、格心和下冒。有些窗户在下半部的外侧又附加一层漏空的"窗档"（又称"护窗"）。

东阳传统建筑的门窗雕刻技艺精湛、雕饰华丽、格调高雅，呈现出五大特色：

1. 格心漏花纹饰精致。格心是门窗装饰的重点所在，传统门窗之美多半基于漏空格心的装饰性。

在明中叶之前，东阳门窗的装饰较为简单，腰板和夹堂板通常不加雕饰，格心只是直棂、柳条、方格或其他简单的几何图案形式，质朴无华。

明末到清代，尤其是乾隆、嘉庆、道光年间，东阳木雕与建筑装饰飞速发展、盛极一时，这同样反映在门窗装饰上。此时门窗格心图案愈发精细，棂格由简单的几何形变成复杂的几何形；由直线型变成曲线型，不时还穿插细小的雕件，格心的中心位置还装点"芯板"，"芯板"上浮雕或透雕历史人物或风景作为重点装饰。雕刻风格由古拙的雕花体向创新的画工体转变，此时的雕刻画面更加讲究构图布局与透视效果。义乌"黄山八面厅"就是一个典型，这个富甲一方的官宦住宅，梁架、斗栱、牛腿雕刻之精美可谓登峰造极，其门窗格心上整幅的历史人物画面，构图紧凑、结构完整、玲珑剔透，人物栩栩如生、呼之欲出。

2. 极浅浮雕别具一格。东阳传统门窗雕饰中，浅浮雕的广泛应用是又一特色。在门窗隔扇的绦环板和槛窗的上下冒头，多采用极浅的浮雕，类似石雕中的"薄意"。在深浅不足一二毫米范围之内雕琢，通过精细的刻画，竟能呈现出层次分明、形象逼真、耐人细赏的画面，真可谓出神入化、鬼斧神工。东阳下里墅瑞蔼堂屋的门窗绦环板上的浅浮雕本是最有代表性的实例，在细微的凹凸起伏中，利于光影效果塑造人物和景色，勾勒出生动而富有层次变化的画面，足见木雕工匠的高超技艺。这是木雕艺术奇葩中不多见的一种表现形式。可惜在民居迁建后，为了"保护"，而刷上油漆，完全改变了原有的清水浮雕的色泽与质朴的风格，实在是极大的遗憾。

由于绦环板处于常人容易触碰的高度，做浅浮雕则不易损毁，十分实用，然而更重要的是浅浮雕的光影明暗对比较弱，与深浮雕相比显得更加含蓄，更有利于衬托出格心漏空的雕饰，使得整个门扇装饰协调统一，重点突出。这正是东阳门窗雕饰高文化品位、高艺术特质表达的一个关键点。

3. "白木雕"质朴自然。东阳木雕常用香樟，因为它质坚、纹细、色白。东阳的木雕是清水的"白木雕"，即保留木质原有的色泽、纹理，不髹漆、不贴金，木材的自然本性与质感充分表现，比起混水雕件，无疑更加清雅质朴、亲切自然。东阳木雕特别注重雕后的磨工，因此更显圆滑细腻、精美光润，彰显东阳木雕窗饰的高雅格调与清纯的品位，这是儒家布衣白屋思想的物化。

4. 雕刻技法精湛多样。东阳作为木雕之乡，是木雕艺人的大本营。相传在盛时东阳集中了上千木匠雕工，其传人遍及浙江全省，甚至影响到上海、福建、江西和安徽。在清乾隆年间曾有400多名东阳木匠雕工应招进京参加故宫修缮的壮举。东阳雕工活动范围广大，且善于汲取各地木雕之所长，使东阳木雕工艺和技法在明清时代达到巅峰，形成了浅浮雕、深浮雕、圆雕、半圆雕、透空双面雕、锯空雕、圆木浮雕、半雕、满地雕、阴雕、彩木镶嵌雕、树根雕等十二种雕刻技法。其中大部分技法都在门窗雕饰中得以展现。

5. 儒家文化色彩浓郁。在东阳建筑与木雕装饰发展的高峰期，门窗雕饰的题材丰富多彩。如"渔樵耕读"、"西湖十景"、"岳母刺字"、"竹林七贤"等，尤其侧重花鸟、禽兽、人物、山水和历史故事，展现出吉祥、喜气与和谐。这些雕饰不仅美化了住宅的环境，给人以感官的享受与性情的愉悦，更给人以教育和熏陶。这些丰富的装饰题材配以唐诗宋词或朱文公格言，鼓励勤劳，劝人勤学，教人效忠国家、尊祖敬宗、行善济贫。既传授了知识，又作为家训教育后人，展现出浓浓的儒家文化色彩。

与徽州民居相比，东阳民居规模大，以"十三间头"甚至"二十四间头"的大院落为主，内院空间大；徽州民居规模小，以"五间头"、"七间头"的小天井为主，内院空间窄小。前者是规整的大院落，后者是精致的小天井。东阳民居的门窗中规中矩，一式中国传统的槛窗与隔扇窗，门窗装饰繁简有度。远观比例得当，格心装饰突出；近看有细部，绦环板雕饰丰富。裙板通常不施雕刻。门窗均为清水白木，清纯高雅。而徽州民居围合小天井的槛窗和隔扇满布雕饰：槛窗上不仅窗扇的格心、上下绦环板满布雕饰，固定的腰板以及槛墙上也满布雕饰。隔扇（莲花门）的绦环板、格心和裙板亦布满雕饰，非如此似乎不足以展现其富有。虽然徽州民居多是请来"东阳帮"工匠建造，其门窗装饰中诸多木雕技巧与东阳木雕大致相同，但毕竟工匠必须遵从主人的意愿，致使它与东阳民居门窗装饰的整体风格差异明显。

可见，东阳民居与徽州民居门窗装饰最本质的差别在于，前者是晚清时期江浙文化发展的折射，展现的是文人雅士外儒内道或外儒内释的特点。后者是明清徽商全盛时代的产物，呈现的是商贾文化讲排场、重感官刺激的世俗特性。

(1) (2) (3)

(4) (5)

浙江乡土建筑的窗饰——浙江武义县郭洞村

浙江乡土建筑的窗饰——浙江武义县俞源村（1）~（5）

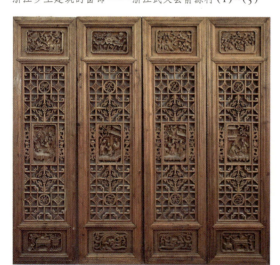

浙江乡土建筑的窗饰——浙江民居

浙江乡土建筑的窗饰——浙江东阳民居

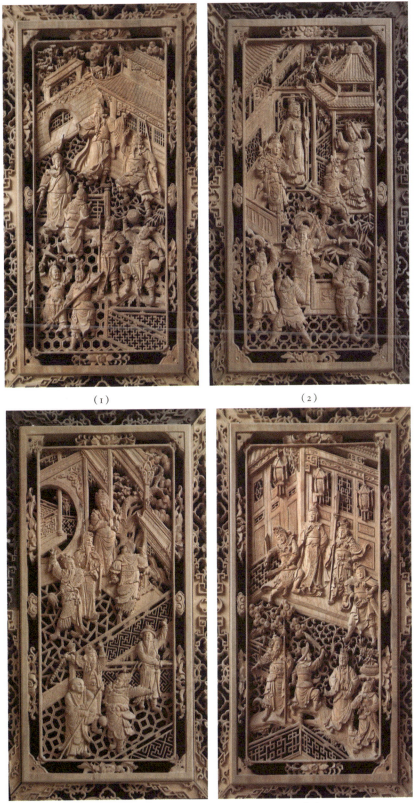

浙江乡土建筑的窗饰——
浙江义乌上溪"黄山八面厅"（1）~（4）

浙江乡土建筑的窗饰——浙江义乌上溪"黄山八面厅"（1）～（3）

浙江乡土建筑的窗饰——浙江东阳卢宅（1）（2）

（1）

（2）

（3）

（4）

（5）

浙江乡土建筑的窗饰——浙江东阳卢宅（1）~（5）

浙江乡土建筑的窗饰（极浅浮雕）——浙江东阳卢宅

浙江乡土建筑的窗饰（极浅浮雕）——浙江东阳卢宅

（1）

（2）

（3）

（4）

（5）

浙江乡土建筑的窗饰——浙江东阳卢宅（1）~（5）

门窗艺术

(1)

(2)

(3)

(4)

(5)

浙江乡土建筑的窗饰——浙江东阳卢宅(1)~(5)

(1)

(2)

(3)

(4)

(5)

浙江乡土建筑的窗饰——浙江东阳卢宅(1)~(5)

(左)浙江乡土建筑的窗饰——浙江东阳横店

(右)浙江乡土建筑的窗饰——浙江东阳勾纹嵌瑞兽花心

江西乡土建筑的窗饰
——"江右商帮"个性的诠释

江西是中国南方地区经济发展比较早的省份。两晋时期中原沿东线南迁的移民，经安徽、浙江，首先进入的是江西，唐末动乱时才再次迁到广东与福建。中原的移民带来先进的生产技术，在南北朝时江西已成中国南方重要产粮区。唐代江西农业兴盛，竹制品手工业发达，陶瓷业已享誉中外，当时江西的新平镇（如今的景德镇）已成全国四大名镇之一。宋元时期江西仍保持发达地区的地位，明清时更是发展到新水平，景德镇已成中国瓷都。借助长江水运之便，江西九江已跻身全国三大茶市、四大米市之一，成为长江重要的商埠。被称为"江右商帮"的赣江流域江西商人，已能与"晋商"、"徽商"鼎足而立。江西山多水丰、环境幽丽，古代江西经济的繁荣，使江西传统乡土建筑在江南地区独树一帜，其门窗装饰也展现了独特的个性。

江西民居大致可分为三大类：一是分布在景德镇以及江西北部的天井式民居，其平面布局与江南地区大同小异。江西北部的婺源历史上属于徽州，其天井式的民居窗饰归入徽州乡土建筑部分予以介绍。二是赣南的客家围屋，其门窗的防卫性能与福建土楼类似。第三类赣中地区高位采光的中小型民居才是独具江西特色的民居形式，其门窗装饰亦丰富多彩。

景德镇典型的传统民居均已迁移到"清园"、"明间"集中加以保护。在"清园"中保留了数幢典型的清代民居。规模较大的华七公大宅及"大夫第"均为多进的天井式民居，其门窗装饰十分华丽。天井两侧有成排的槛窗或隔扇，前后厅的次间面朝天井对称设置四个槛窗。槛窗与徽州民居相似，均设护净（护栏）。护净雕饰精美。门窗棂格用黑色或暗红色油漆，颜色凝重，格心中镶嵌镏金雕刻，明暗及色彩对比强烈，凸显堂皇与富丽。然而江西北部其他地区天井式民居门窗多数为清水，并不施油漆。

景德镇地区还保留了数幢明代民居，亦迁建集中到"明间"。门窗装饰以汪柏宅第最有代表性，其门窗形式仍为带护净的槛窗，但与清代槛窗相比风格迥异。明代的窗扇仅为简洁的方格眼，不像清代门窗格心图案那样复杂多变。护净的雕刻也粗犷浑厚，不像清代那么精致繁复，其浮雕的竹节边框颇有特色，是极其珍贵的明代门窗实物遗存。

赣中民居独具江西特色，在吉安市的几个历史文化名村中得以较好保存。吉安，古称庐陵。在中国古代史上璀璨夺目的庐陵文化，孕育了赣中一代代惊世人才。

如吉安市西郊的钓源村有1100多年历史，这里是赣江中游的重要商埠，是北宋大文学家、政治家欧阳修后裔聚居的古村落。历史上村里既有父子登科、兄弟连科的高官大员，又有富甲一方的巨商大贾。明末，该村在朝的官员为躲避政治斗争弃官从商，经营布匹、茶油等南货，到清嘉庆道光年间富奢达到鼎盛。当时全村人口近万，宗祠、分祠无数，商贾云集、竟日为市。店铺连街、灯楼酒肆、戏楼钱庄、赌场妓院、跑马赛场一应俱全，曾有"小南京"之誉。太平天国时曾自拥护村民团与太平军抗衡，终因寡不敌众全村多数房屋被付之一炬。留存的古建不足原来的三分之一。现尚存明清古宅、祠宇120余幢。

当年在外经商的赣中商贾，集聚大量财富，回乡广兴屋宇，张扬其卓尔不凡的独特个性与艺术追求。赣中高位采光的民居形式正是这个时代的产物。此类民居是赣中民居的典型，是独具江西个性的民居形式，其门窗装饰亦独具个性，表现出如下几个特点。

1. 小洞牖窗、"聚财"防盗

小牖窗装饰是江西赣中民居的一个特点。赣中民居的正立面、大门两侧外墙的上部，有一对很小的窗洞：洞口或长方、或扇形、或花形，洞口四周以白灰粉边，形成优美、别致的装饰；也有用当地的红砂岩镂雕出扇形或方形洞口的，在灰砖清水墙的衬托下显得格外醒目。在民居侧墙也常见类似的小窗洞装饰。这些作为民居阁楼的窗洞，之所以开得如此细小是为了防盗。历史上赣中地区的富商，要面对时有的劫匪，出于生命财产安全的考虑，住宅为单层，房屋很高，形成四面封闭的高墙。宅内卧室设阁楼以储存贵重物品，上阁楼的楼梯十分隐蔽。建筑四周底层在人的高度以上开小窗，并加铁栅。阁楼仅有储物的功能，小小的洞口采光、通风已经足够。小洞口足以抵御盗匪钻入。此外，当地素有"暗房亮灶"的说法，笃信"亮灶发禄、暗屋聚财"。住宅大厅不同于其他地区民居设天井采光，而是仅仅利用大门上部墙顶与屋檐之间开设的天窗采光、通风，当地亦称为"天门"、"天眼"。墙上的小窗洞正是"暗屋聚财"观念在传统民居建筑门窗中体现得最为极端的实例。

2. "猫眼"漏窗、优美亮丽

江西赣中民居外墙顶部的"猫眼"是独具个性的漏窗。这里民居均为两坡瓦屋顶。屋顶两端做阶梯形的封火山墙，形式与江浙及徽州民居大致相同。不同的是，徽州民居瓦屋顶的檐口为出挑式，赣中民居瓦屋顶檐口则是做成女儿墙式。绝妙的是在女儿墙上打开一列整齐的凸形洞口，瓦垄的排水垄沟正好伸出洞口，使屋顶的雨水能顺畅地排出，又不污染墙面。女儿墙上整齐的一列凸形洞口，以白灰勾边，在灰砖墙的衬托下，格外亮丽。此装饰处理手法也常用在围墙顶的漏窗上。这种俗称"猫眼"的设计，虽然其他地区也有见到，但是设计得如此优美的确实少见。

3. 镏金彩绘、极尽奢华

镏金雕饰，是赣中民居门窗装饰中最普遍采用的手法，构成赣中窗饰的一大亮点。赣中民居的外表青墙黛瓦、朴实无华，宅内则是雕梁画栋，尤其是大厅两侧厢房的槛窗、风窗，不仅漏花窗格精致，而且配合镏金的雕刻和彩绘，令人眼花缭乱、目不暇接。

通常在厢房的阁楼上设连排的槛窗，有的开启，有的固定，只起到装饰作用。槛窗做四扇或六扇，其格心花饰变化多端，制作精良。厢房的房门上做大幅的风窗，直通阁楼顶，其镂空花格装饰丰富。此外在大厅正面屏风两侧门洞上的风窗，也是装饰的重点所在，有的镂空雕刻福禄寿喜等图案，在门洞后面的小过道中又隔出一个方形的小空间，四周布满彩绘雕饰。如钓源村欧阳瑞林宅大厅两侧小过道门楣上浮雕的"征战图"，画面中十余骑马战将长枪短斧、挥刀舞剑、激烈交锋、栩栩如生。"征战图"下方的绦环板上则浮雕戏曲《秦香莲》中的"鸣冤"、"陈情"、"审案"、"问斩"四幅连环图画。

钓源村中欧阳瑞林宅，两厢槛窗则改变成单扇的巨幅镏金画：左壁上的"访贤才于渭滨"，以欧阳氏肇基祖路遇垂钓老叟、卜居钓源的场景，借姜太公遇周公的典故，喻开基创业之艰苦历程。右壁上"求富贵亦寿考"，则展现钓源人期望天赐富贵的希冀。画中山水云霓、滩石如林、车銮华盖、人物群像惟妙惟肖、鲜活逼真。整幅镏金彩绘虽历时百年、饱经磨砺，仍金碧辉煌、光亮璀璨、恍若新作。

钓源古村不仅"村隐太极八卦形,户朝北南西东向,路尽歪门邪道连",在门窗雕饰中也常用八卦造型。如钓源村明代古宅中,一对厢房风窗,在简单的十字方格图案中嵌镌八卦图案,它们与喜鹊、鲤鱼、花卉、铜钱、瑞兽共同组合成一幅疏密有致、内涵丰富的镂空精品窗格。

在吉安市美陂村的门窗漏花中,除了常见的"拐子龙"外还出现"拐子凤"装饰图案。而且上龙下凤、成对出现、构图别致,扇扇均为异常精美的艺术品。在民居建筑中出现龙凤是极为罕见的,可见封建的禁锢已被冲破,想必是晚清或近代的作品。

4. 家训文字、组合装点

江西在中国南方诸省中开发较早,随南迁移民带来的中原文化根基深厚,由于文化兴旺、经济繁荣,在江西赣江流域出现的地缘性商人集团——"江右商帮",是中国古代十大商帮中最早兴起的商帮,到明清时期达到鼎盛。加上历朝众多官宦弃官从商,更增添了"江右商帮"儒商的气质。体现在赣中民居的窗饰中,使用汉字装饰十分普遍,尤其是常在格心之中浮雕家训,彰显主人的道义与儒雅。如吉安市腊塘村某宅左右厢房的八扇槛窗格心上均浮雕楷书家训。左厢房的八扇格心中书:

"悟至理所以明心,
玩古训所以傲心,
多静坐所以收心,
去嗜欲所以善心。
涵容是待人要诀,
洒脱是养心极功,
谦退是保身良图,
安详是处事妙法。"

右厢房的八扇格心中书:
"襟抱如光风霁月,
气概如嵩岳泰山,
吐论如敲金戛石,
持身如玉洁冰清。
操存如青天白日,
威仪如丹凤祥麟,
度量如海涵春育,
应接如流水行云。"

门窗上雕刻的家训简明地概括了为人处世之道,用以教育子孙后代。

吉安市美陂村一个书院中堂两侧漏窗的窗心中雕刻镏金楷书:左幅为"学乃身之宝",右幅为"儒为席上珍"。以此教育学子认真攻读、以求功名。以家训文字作为门窗装饰,构成赣中窗饰的又一个特点。

江西乡土建筑的窗饰——江西景德镇清园

江西乡土建筑的窗饰——江西景德镇清园

(1)

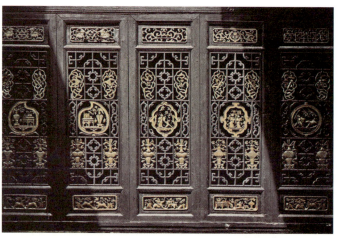

(2)

江西乡土建筑的窗饰——江西景德镇清园大夫第(1)(2)

江西乡土建筑的窗饰——江西景德镇清园华七公大宅

江西乡土建筑的窗饰——江西景德镇明间汪柏宅第

门窗艺术

江西乡土建筑的窗饰——江西吉安燕坊村　　江西乡土建筑的窗饰（拐子龙、拐子凤）——江西吉安燕坊村　　江西乡土建筑的窗饰（拐子龙、拐子凤）——江西吉安燕坊村

江西乡土建筑的窗饰——江西吉安燕坊村　　（1）

（2）　　（3）

江西乡土建筑的窗饰——江西吉安腊塘村（1）～（3）

(1)

(2)

(3)

(4)

(5)

江西乡土建筑的窗饰（猫眼）—— 江西吉安（1）～（5）

(1)

(2)

(3)

(4)

江西乡土建筑的窗饰（大牖窗）—— 江西吉安（1）~（4）

(1)

(2)

江西乡土建筑的窗饰（征战图）—— 江西吉安钓源村（1）（2）

江西乡土建筑的窗饰（欧阳瑞林宅"访贤才于渭滨"）——江西吉安钓源村

江西乡土建筑的窗饰（欧阳瑞林宅"求富贵亦寿考"）——江西吉安钓源村

江西乡土建筑的窗饰 —— 江西吉安美陂村（1）~（3）

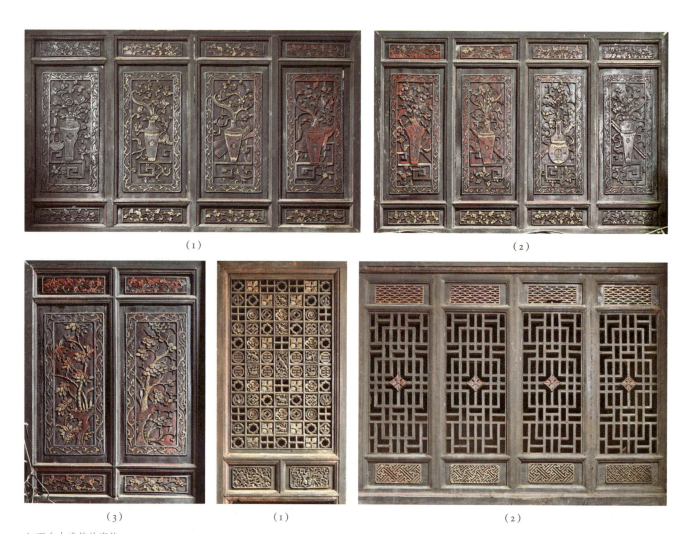

江西乡土建筑的窗饰
—— 江西吉安泸家洲村（1）～（3）

江西乡土建筑的窗饰 —— 江西吉安钓源村（1）～（4）

山西乡土建筑的窗饰
——晋商文化的典型代表

山西传统民居是中国北方汉族民居的典型代表之一。山西民居除了晋西北的窑洞民居之外，最有特色的要数晋中民居。明清两代晋中地区社会安定、商业繁荣、富商巨贾云集。明万历年间谢肇淛的《五杂俎》中记述："富室之称雄者，江南则推新安（即徽州），江北则推山右（即山西）。"沈思孝的《晋录》中记载："平阳泽路豪商大富甲天下，非数十万不称富……"当时山西铁矿业大发展，明洪武六年，全国13个冶铁所，山西就占了5个。到清代山西铁更是销往全国各地，"乾隆、嘉庆年间，仅潞安荫城的铁货交易额，年平均即达一千余万两白银"。同时，棉、麻、丝、茶业的交易也日益繁荣。须知，在整个19世纪，中国最富的省份不是浙江、江苏，也不是安徽、广东，而是山西！此时晋商可谓盛极一时、雄霸一方。山西商人还首创了经营金融汇兑业务的钱庄和票号，基本控制了全国的金融，执金融界牛耳近百年。直到20世纪初，山西依然是中国金融贸易的中心。晋商的足迹遍及全国乃至于俄国、日本及东南亚。山西商帮雄厚的经济实力，造就了晋中传统民居的宏伟与瑰丽，同样也造就了山西传统民居门窗装饰的丰富与华美。

窑洞式门窗是山西传统民居门窗的突出特色。晋中平遥的传统民居是地上窑洞与四合院的结合。四合院的正房为三开间或五开间的锢窑，即用厚厚的夯土墙承重，再砌砖拱、填黄土、铺平砖成平屋顶。这种房屋冬暖夏凉，适宜居住。因此正房的南立面明间的门窗与窑洞的拱形门窗无异，次、梢间为拱形的窗户。正房前有的还加设披檐柱廊。有的顶上又加一层楼房，二楼一律采用槛窗。

山西灵石县的堡子式住宅群，是由众多四合院组成的街坊。其两进或三进四合院的正房均为锢窑。同样是采用窑洞式的门窗。可见窑洞式的门窗是晋中传统民居的一大特色。

山西襄汾县丁村民居，是山西民居的代表作。至今保留24处明清民居。其门窗雕饰可谓山西民居雕刻的佳作。山西晋中民居的窗格装饰总体说在北方传统民居中是最华丽的。然而与江南民居窗格装饰相比，山西传统民居门窗装饰多用窗格图案，少用木雕装饰。窗格木棂相对较粗，空洞相对较大，略显古朴憨拙，显然是较多沿袭明代的形制，有较强的乡土气息。这与北方地区对日照采光的强烈需求相适应，也表现了北方汉人粗犷的性格。

晋中民居门窗使用木雕较少，这与北方窗格要便于糊粘窗纸有一定的关系。更主要的原因是与门窗的制作材料有关。北方缺乏适于雕刻的木料，通常不在门窗木雕上做文章，所以总体上北方木雕的技艺比不上砖雕的技艺。

此外，南方民居半室内半室外的天井空间，与北方民居完全室外的内院空间，均是对南北不同气候特点的适应。相对窄小的南方天井空间是居民常年活动的重要场所，因此更重视天井周围的门窗雕刻装饰，使之营造出更浓厚的文化氛围。而在北方冬天时节，人们大多呆在室内，外窗雕饰的作用不如南方那么重要，这无疑也是晋中民居门窗较少使用木雕的一个原因。

在晋东南地区，由于多雨、潮湿、林木资源丰富，民居取木构楼阁式，其门窗装饰木雕的运用相对较多，但木雕装饰不用在窗扇格心，而是用在"门帘罩"上。

在冬天，北方民居的外门（又称风门）上均挂厚厚的门帘御寒。为门帘悬挂之便，紧贴大门外皮又加一个木门罩，俗称"门帘罩"，它比门洞口稍宽，以便门帘更严实地遮盖门洞。门洞上部是门帘罩重点装饰的部位。

以晋东南晋城北留镇的"皇城相府"为例。"皇城相府"作为清代名相、清康熙皇帝的老师、《康熙宝典》的总裁官陈廷敬的府邸，是集官宦府第、文人故居与传统民居于一体的规模宏大的明清建筑群。府内城墙环绕、层楼叠院。其门窗装饰之豪华在山西屈指可数，"门帘罩"的木雕尤为精致。

"皇城相府"中"门帘罩"的形式多样，通常"门帘罩"中间是一块或两三块雕花板，雕花板下有漏花挂落，上有横木压顶，横木两端以木雕龙头或花饰收尾。门罩两侧还装饰镂空木雕的雀替。"门帘罩"成为大门入口最显眼的重点装饰。

府内一个木雕"龙翔凤舞"的"门帘罩"尤为耀眼，其龙凤木雕，在北方民间极为罕见。它虽然用的是"四爪龙"，而非皇帝专属的"五爪龙"，但也足见主人地位之显赫。作为一代名相，以及世代晋商的根基，造就了这"中国北方第一文化巨族之宅"及豪华的装修也不足为怪。

（1）

（2）

（3）

（4）

（5）

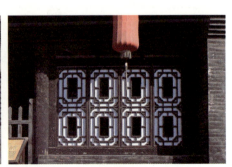

（6）

山西乡土建筑的窗饰——山西平遥民居（1）～（6）

门窗艺术

山西乡土建筑的窗饰——山西灵石县王家大院(1)~(4)

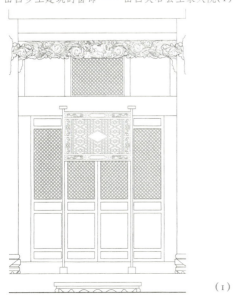
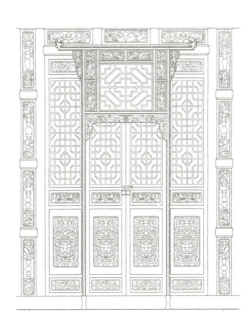

山西乡土建筑的窗饰——山西丁村(1)(2)

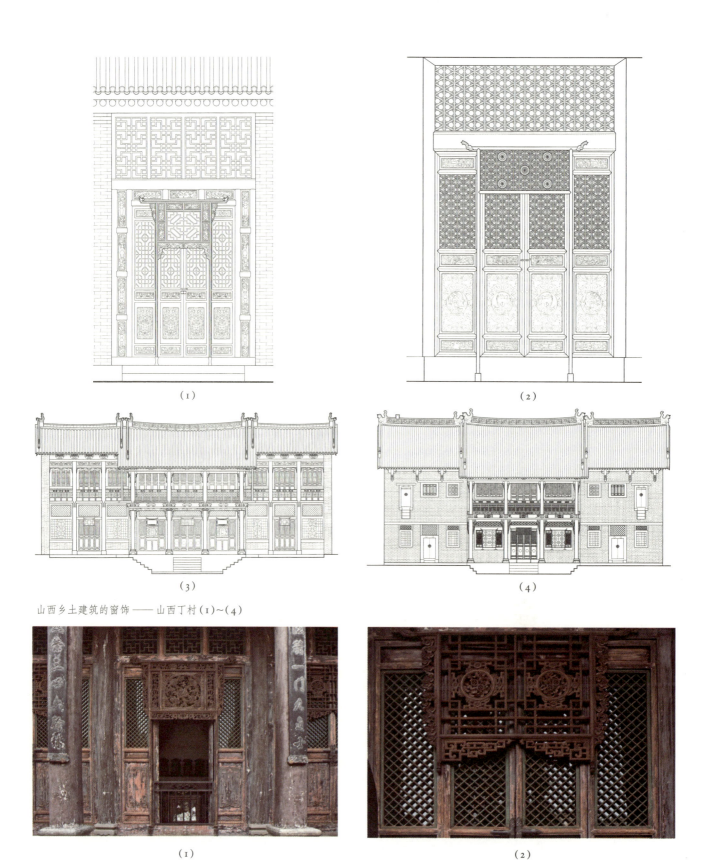

山西乡土建筑的窗饰——山西丁村（1）~（4）

山西乡土建筑的窗饰——皇城相府（1）（2）

（1）

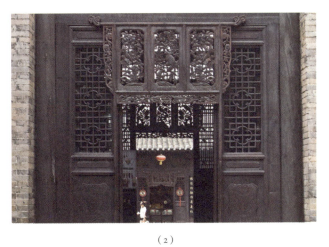
（2）

（3）

（4）

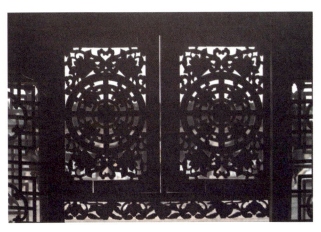
（5）

山西乡土建筑的窗饰——皇城相府（1）~（5）

福建乡土建筑的窗饰
——大陆文化与海洋文化交汇的产物

福建素有"东南山国"之称，全省土地面积的90%是山地和丘陵。境内重峦叠嶂、溪流纵横。西部以武夷山脉与江西分隔，中部山带南北走向。诸多江河切割崇山峻岭东流入海，山高水险，省内交通闭塞，与外界相对隔绝，人称"闽道更比蜀道难"。全省从地理上、气候上、水系上均自成独立单元，故被称为陆上孤岛。封闭的环境使南迁的汉人带来的中原中古文化得以积淀。正如福建省内有30种相互听不懂的方言一样，福建各地的传统民居也是风格迥异。这在全国是很罕见的，同样，在传统民居的门窗装饰上也是异彩纷呈，几乎一个县一种形式、一个地区一种风格，各自都有约定俗成的固定模式和地域风格。虽然福建各地的门窗装饰在形式与风格上受到相邻的浙、赣、粤诸省的影响，但由于相对封闭的环境加上自身在一代又一代的传承与创新中发展，使各个地域的门窗装饰独具个性和特色。

福建又是海洋文化特色鲜明的一个省。正因为大山阻断了福建与中原的联系，才迫使福建人"下南洋"、"闯东洋"，以海为田、经商异域，面向大海寻找出路。历史上福建也是中国对外贸易最发达的地区。宋元时期泉州已是"东方第一大港"。随着海上丝绸之路的开辟，阿拉伯、波斯商人云集并定居泉州，为闽南带来了异域文化，从福建闽南"红砖文化区"折射出的与内陆中原建筑明显区别的闽南建筑，正是大陆文化与外来异质文化交汇、碰撞并双向互动、互相涵化的产物。闽南的门窗装饰"古意犹存"又独具异域色彩。甚至在华安的土楼中，也可以看到中西合璧的门窗装饰。福建传统民居门窗装饰之丰富在全国各省中是少有的，这是大陆文化与海洋文化交汇的结果。其地域特色主要表现在如下五个方面。

1. 清水混水风格迥异

在福建省内被称为"红砖文化区"的漳州、厦门、泉州所在的闽南以及莆田、仙游一带，传统民居为红砖白石外墙、红瓦屋面，色彩艳丽、风格厚重。与整体建筑相适应，其门窗漏花装饰以"混水"为主，施色彩鲜艳的油漆，门窗的木雕装饰是描金彩绘，异常华丽。同是闽南地区，各地的做法也不尽相同：泉州地区的门窗雕饰，甚为精致，而在漳州地区，则是浮雕与彩绘相结合。

福建省内除闽南、莆田、仙游以外，其他地区的民居，屋顶黑瓦，外墙为白粉墙、灰砖清水墙或夯土墙，还有纯木构的板壁式泥灰墙，相对轻巧质朴。相应其门窗漏花装饰则以"清水"为主，不施油漆，木材的质感完全暴露，而在窗格拼接、组合图案以及木雕装饰上做足文章。

可见福建省内传统的门窗装饰南北风格差异极大：木窗构件南部混水、北部清水；外观色彩南部艳丽、北部素雅；整体风格南部华彩、北部古朴。

2. 格心雕饰千姿百态

福建各地民居门窗格心雕饰形式丰富、风格各异：有的精细、有的粗犷；有的透雕、有的浮雕；有的写实、有的写意……如福安市民居的格心雕刻精美通透、棂格细密、漏空最大。永泰县民居的格心木雕，分块拼装、以实为主、漏空很小。福州市民居的木雕则以精美著称，如"三坊七巷"中文儒坊陈承裘故居的落地扇格心木雕的花篮，精致写实，质感与竹编无异。

各个地区的绦环板浮雕同样是花卉、动物或器物题材，其布局构图、表现手法、雕刻技艺各有约定俗成的惯例，特色不同、风格迥异。同是福州地区，福州市多用浅浮雕，静置的物件散点摆布，在构图的匀称与变化中追求美感。永泰县民居则采用高浮雕，物件构图饱满。如永泰县嵩口某宅绦环板上的鲤鱼浮雕，活灵活现，浮雕竟高出边框，鱼儿似乎要跃出画面，在雕刻的空间与层次上创造动感。至于戏曲人物雕刻的风格，永泰县洗练粗犷、追求神似、偏于写意。闽南地区的则是细致刻画、力求造型逼真、偏重写实。与福安市相邻的宁德市，其门窗格心雕饰形式突显个性，其窗格常见极其细密的柳条棂，其横竖直棂宽度仅有5毫米，空隙间距也不过5毫米左右，与其他地区有明显区别。即便是混在大堆不同形式的窗扇中，一眼就能辨别宁德市民居的窗扇。

邵武市民居的格心，以直棂勾勒出错位的小方格，与动物、花卉雕饰完美组合，整个格心画面既统一又富变化，这种处理手法在窗饰中十分罕见，是装饰图案的一种创新。

泉州市民居的格心常用紧密的横竖棂拼接出不同图案作为边框，在窗心中再变换图案，并镶嵌汉字装饰，独具一格。

福建各地民居都有螭龙或草龙图案装饰，但闽南民居的窗饰中则将成双的螭龙蟠成香炉状（俗称"螭虎炉"），凸显地域特色。

福安市的民居窗饰雕刻之精细在福建首屈一指，格心中雕刻的花纹细之又细，叫人难以置信是用木料雕刻而成的，整个格心犹如藤条编织，令人称奇叫绝。然而它显然较易破损。

与之形成鲜明对比的则是永春县民居的格心窗饰。其图案硕大粗犷，在南方地区实属少见。福建不少地区民居的格心常用整块木板雕刻，或用二至三块竖板雕刻后拼接，日久干裂后会出现竖向裂缝，使雕刻画面破损。永泰县民居的格心则是用数块木板，分别雕刻成完整的画面，再组合拼装而成，如此组装的格心，木板即使干缩变形，也不会破坏格心画面的完整性，且增加了窗饰的耐久性。

福州市和尤溪县民居窗格中不对称的琴棋书画图案的花格，是不多见的构图手法，匠心凸显。

尤溪县民居门窗的格心则经常采用车床加工的花式圆棍作为竖棂，与其他木雕装饰并置，形成鲜明的对比。这是民国时期才出现的手法，可见西洋文化影响的痕迹。福建仙游县民居的窗户构造又与其他地区不同。其外墙窗宽度较大，大约1.5米左右。窗分内外两层，又分隔成上下两个部分，外层窗为固定窗，窗格常见万字或变异的竖棂装饰；内层窗为木板窗扇，夜间关闭，白天开启。有的外层窗分成上下两扇：下扇固定，上扇可上翻开启。有的内层不做窗扇，只设竹子格栅以防盗，更有利于通风采光。

福建传统民居门窗格心装饰千姿百态、风情万种。省内不同地域间的差异性与丰富性，是其他省份难以比拟的，这是福建省内相对封闭的移民社会的产物，是海洋文化影响的实物例证。

3. 人物雕饰写意传神

福建传统民居门窗上的人物雕饰，虽然各个地区风格各有差异，但总体来说，不如潮州木雕那么写实、繁复，也不像浙江木雕那么精巧、细腻，而是表现出古拙，更有唐宋人物画的韵味。其人物比例与真实相去甚远，其放大了的脸部表情极其生动，夸张了的人物动态，更加传神，将东方人写意的风格与超现实主义的手法，表达得淋漓尽致。如福建省永泰县嵩口镇梧埕村张宅厅边落地窗绦环板的四幅木雕，很能代表这一地区雕刻的风格与特色。四幅木雕画面的题材各不相同：

一幅为夏日树荫下，小儿为老父摇扇纳凉，乖儿天真勤扇，一片孝心；老父满脸快意，尽享天伦。一幅为花园山水边，儿子为父亲掏耳，一个仔细专注，一丝不苟；一个手捧瓷盆，眉开眼笑。两幅木雕都是简单的两个人物的画面，却生动地表现了家庭的祥和与欢乐。教育子孙百德孝为先，要善待长辈，传达儒家倡导的孝悌伦理思想。

另一幅是琴师赴会，琴童陪伴。以松鹤为背景，一个执扇欢歌，悠然自得；一个背琴相随，欣喜雀跃。再一幅是两位长者，专心对弈。以山石为衬景，一位信心满满，欣然落子；一位胸有成竹，举手应对。同是双人画面，真实地反映了民间日常的生活场景，洋溢着浓郁的乡土气息。

这四幅木雕的最大特色，在于它极富表现力的写意手法：头部放大，便于细腻刻画脸部表情；夸大比例的上身凸显人物的动作；下身则相对较短，不作重点处理。遵循"上身宜露"、"下身宜藏"的原则。在如此有限的画面中，相比同样高度写实的人物，其脸面、眼神、姿态、动作有更充分的表现空间，正因为如此，写意的人物更富动态，更加传神。

这种不追求人物比例的合度，而注重人物神情的表达是中国传统绘画中写意手法的积淀。

此外由于这里的木雕用的是樟木或杉木，其材质不匀，容易破损，无法作十分细致的雕凿，从而派生出粗放而简练的雕刻手法。同时不施油漆的清水樟木或杉木自然生动的木纹，为木雕增添了装饰效果与勃勃生机。这些都造就了这里的木雕作品简洁豪爽、古朴率真、充满古韵的个性。

4. 螭龙装饰丰富别致

在中国传统民居的门窗装饰中采用龙纹最多的要数福建，其原因有待探讨。也许是天高皇帝远，朝廷的规矩管不到边远地区；也许是随着衣冠南渡带来的中原古代的传统在这里得以沉淀；也许是这里的福建人更加迷信龙能带来吉祥如意……

福建的龙纹窗饰形象丰富，有写实的带爪的龙，如漳州的青礁慈济宫，半雕刻半彩绘的龙，背鳍、腹甲、髭鬘完备。永泰民居的龙饰是龙头、云身、带爪。更常见的则是云龙与草龙，其头部为无角的螭龙，身为卷草或云纹。在连城和清流县，则是正面形象的坐龙，或带翼的应龙的窗饰。民间更多的是似龙非龙的形式，即以云纹构成酷似龙头的形象，似是而非，身子完全由云纹卷曲而成，这也许是为了避嫌而采取更隐讳的方式表达。这些草龙、云龙常被蟠成福禄寿等汉字作为装饰。但最有特色的还是"螭虎炉"式窗饰，它是福建闽南、闽西地区十分流行的、独具个性特色的龙纹窗饰形式。

5. 卡榫技艺几臻极致

窗格拼花工艺中，卡榫是最常见、最基本的一种拼接工艺。在福建民居门窗的窗格装饰中，卡榫技术可谓达到巅峰。卡榫分横竖条拼接与45°斜向拼接两种，视图案的不同灵活巧妙应用。拼接的构件以长条形为主，根据方圆曲直不同的图案，制作成相互交叉的两组标准构件，精确地设置榫槽，使两组构件通过榫槽相互咬合成漏空花饰。由于漏花图案复杂且细密，因此对标准构件的精密度要求很高。只要某一环节不够精确，卡榫拼装咬合就无法完成，尤其是幅面尺寸很大的漏花难度就更大。很难想象，古时利用原始的工具能制作出、如今只有电脑控制才能完成的、断面形状如此复杂的标准木条构件。况且有的花饰已非直线条形的构件可以成就，其标准构件的曲直变化相当复杂，许多花饰图案我们简直难以判断它是如何拼装而成的。这足以证明福建门窗的卡榫技术几臻极致。

福建乡土建筑的窗饰——福建漳州民居　福建乡土建筑的窗饰——厦门大嶝民居

（1）

（2）

福建乡土建筑的窗饰——金门珠山村

福建乡土建筑的窗饰——金门山后村（1）（2）

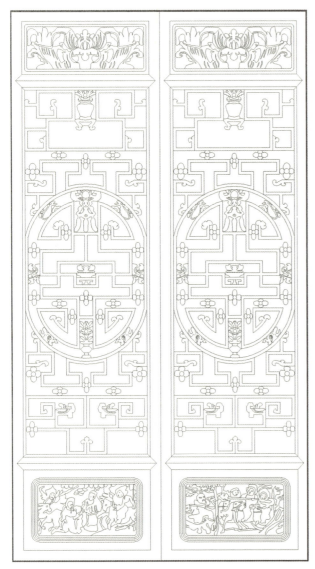

(1)

福建乡土建筑的窗饰——福建闽侯上街厚美村

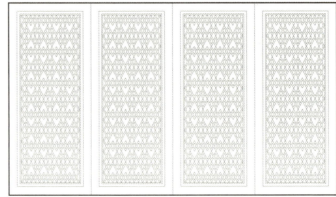

(2)

福建乡土建筑的窗饰——福建闽侯民居(1)(2)

门窗艺术

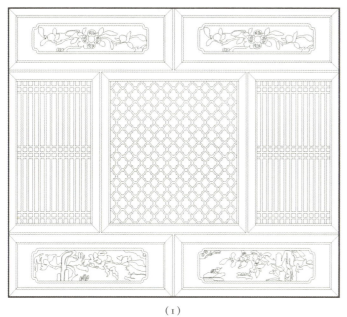

（1）

福建乡土建筑的窗饰——福建光泽民居

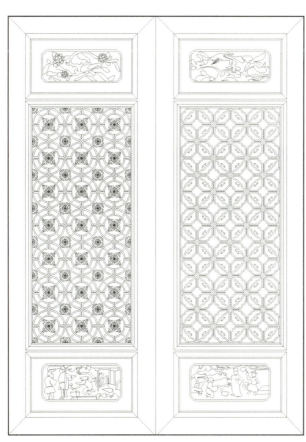

（2）

福建乡土建筑的窗饰——福建闽清民居（1）（2）

福建乡土建筑的窗饰——福建邵武民居

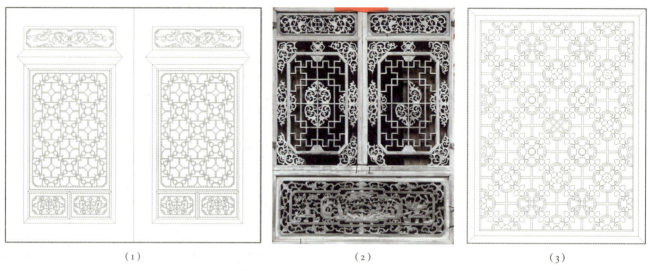

福建乡土建筑的窗饰——福建福安民居（1）~（3）

福建乡土建筑的窗饰——福建永泰嵩口（1）~（4）

福建乡土建筑的窗饰——福建永泰嵩口（1）～（7）

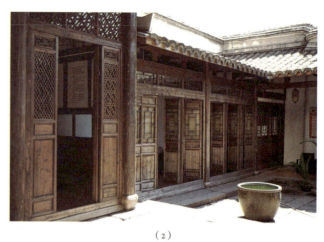

福建乡土建筑的窗饰——福建福州三坊七巷（1）~（3）

(1)

(2)

(3)

福建乡土建筑的窗饰——福建泰宁尚书第

福建乡土建筑的窗饰——福建宁德民居（1）~（3）

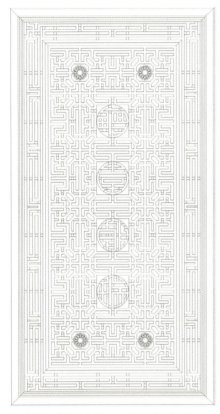

福建乡土建筑的窗饰——福建泉州民居　　福建乡土建筑的窗饰——福建泉州民居

福建乡土建筑的窗饰——福建泉州民居

福建乡土建筑的窗饰——福建永春民居　　　　　　　　福建乡土建筑的窗饰——福建永春民居

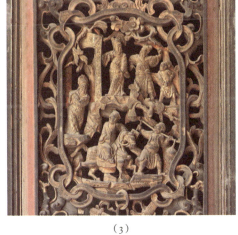

（1）　　　　　　　　（2）　　　　　　　　（3）

福建乡土建筑的窗饰——福建永春崇德堂（1）~（3）

（1）　　　　　　　　（2）

福建乡土建筑的窗饰——福建永春善福堂（1）（2）

(1)

(2)

福建乡土建筑的窗饰——福建仙游民居

福建乡土建筑的窗饰——福建尤溪梅仙坪寨村（1）（2）

(1)

(2)

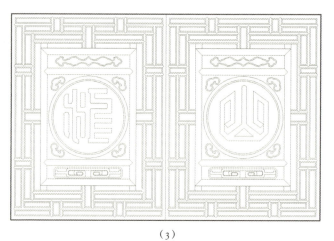
(3)

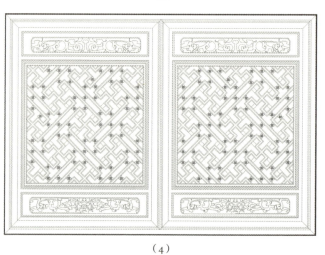
(4)

福建乡土建筑的窗饰——福建连城民居（1）～（4）

（1）

（2）

（3）

（4）

（5）

福建乡土建筑的窗饰——福建永安安贞堡（1）~（5）

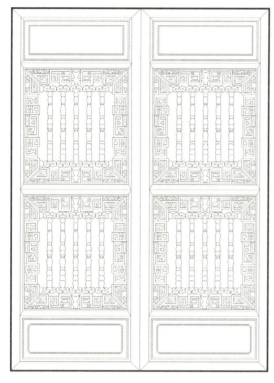

福建乡土建筑的窗饰——福建建瓯图样

福建乡土建筑的窗饰——福建建瓯民居

福建乡土建筑的窗饰——福建建瓯图样

福建乡土建筑的窗饰——福建建瓯民居（1）（2）

福建乡土建筑的窗饰——福建龙海民居（1）（2）

福建乡土建筑的窗饰——福建清流民居（1）~（3）

福建乡土建筑的窗饰——福建建宁民居（1）~（3）

（1）

（2）

（3）

（4）

福建乡土建筑的窗饰——福建永泰嵩口梧埕村张宅（1）~（4）

广东乡土建筑的窗饰
——岭南文化的巅峰之作

岭南文化是中华文化中特色鲜明、灿烂多彩、充满生机活力的地域文化。广东省所在的岭南地区春秋时期被称为"南越",秦代开始设郡,并从北方移民几十万戍边,逐成广府人。西晋末年北方动乱,先民大量南迁。到粤北定居的是从江西迁入的客家人。到粤东潮汕平原定居的是从福建迁入的河洛人,称作潮州人。这三种不同方言的汉族民系,构成广东汉族的主体。

广东省是我国大陆海岸线最长的省份。在清代这里人口剧增,地少人多、粮食短缺,广东人纷纷出洋谋生。因此广东是我国华侨最多的一个省份。大量华侨衣锦还乡、修祠造屋,促进了近代广东乡土建筑的发展。已列入世界文化遗产的开平碉楼,是粤中民居的一个典型,其门窗装饰引入了诸多西洋元素。客家人的围垅屋则是粤北民居最有特色的代表。其门窗装饰丰富多彩。而在潮州人所在的粤东地区,其乡土建筑又另具特色。近代广东乡土建筑是岭南文化的重要载体,其独特的个性,正是中原文化与华侨文化撞击的产物。

以木雕技艺闻名海内外的潮州地区为例,自秦代以来,这里都是粤东的政治、经济、文化中心,到宋代已是对外贸易的重要商埠。潮州商都以海洋为通道往来中国沿海直至东南亚各国,从事海上贩运获取巨额利润,成为明清时期我国重要商帮之一。封建时代,潮州出了数百仕宦名人,官宦巨贾衣锦还乡、造祠建宅,促进了潮州建筑以及木雕技艺的发展。

清代潮汕地区人口剧增,严重缺粮,潮州人纷纷出洋谋生,仅前往东南亚的就有两三百万之众。华侨以他们的聪明才智艰苦创业,不仅在南洋站稳脚跟,还有不少成为富商巨贾。他们热爱故土,携财还乡,大兴土木,建屋造祠,以光宗耀祖、显赫乡里。因财力丰厚,遂相互攀比、炫耀成风。因此潮汕地区的乡土建筑无不竞奢斗巧。建筑施工常用"对场作",即一幢建筑分成左右对称的两个部分,分别由两班工匠同时施工,开展竞赛,竣工之日进行品评,看哪一班工匠雕刻得更加精美,优胜者能得到重奖。这种"斗工"的习俗、竞争的环境激励了木雕艺人的创作热情,提高了雕刻技艺的总体水平,推动了潮州木雕的发展。

鸦片战争前后,潮州商帮由于协助朝廷清剿太平军得到鸦片专卖权,从而集积了大量资金。20世纪初清政府禁贩鸦片后,巨额鸦片资本迅速转入现代工业和银行业,潮州商都由于多元化的经营迅速超越徽商、晋商,独领风骚雄厚的经济基础推动了潮州木雕发展达到繁荣的鼎盛期。这在门窗装饰上也得以展现,门窗雕饰成为炫耀财富地位不可或缺的形式。潮州木雕的发展又影响到整个岭南地区。岭南乡土建筑门窗的雕饰独具个性:一是窗饰雕刻华丽精细,出现了多层镂空雕的技艺,通常是透雕、镂空雕、浮雕、圆雕多种技法并用。二是整个窗饰髹漆贴金,雕漆结合,工艺细巧、光华夺目,充分显示了岭南窗饰的地域特色。

广东天气炎热,良好的通风是夏季降温的首要。民居一般对天井都开大窗,除槛窗、落地窗(屏门)之外,还有广东特有的"满周窗"。它与支摘窗不同,其窗扇布满整个柱间,窗扇开启方式为上下推拉,这样更有利于通风采光,并可自由调节。

在华侨众多的广东,近代民居建筑的门窗装饰受南洋建筑的影响,呈现出西洋古典的风格。世界文化遗产广东开平碉楼的门窗装饰就是一个有代表性的实例。毫无疑问，广东乡土建筑门窗装饰中最富特色的还是木雕艺术。美术史学家把潮州木雕与福建龙眼木雕、浙江东阳木雕和乐清黄杨木雕誉为中国四大木雕。在四大木雕中，只有潮州木雕、东阳木雕与建筑紧密结合，龙眼木雕与黄杨木雕不过是器物摆件的小圆雕，与建筑无关。在广东窗饰中，木雕广泛运用于格心、绦环板与裙板。以潮州木雕为代表的广东木雕装饰以其精细著称，争奇斗艳的结果使之细之又细、繁之又繁、日趋写实。与浙江、福建的窗饰图纹相比，它更为繁复。无论是风景、盆花、器物均逼真写实、细致刻画、穷尽繁复，把炫耀的心理演绎到极致。满布的画面，不留一点空白，精细得让你透不过气来，繁琐到无以复加的地步，令人叹为观止，突显浓郁的地方特色。

如广州陈氏宗祠就是个典型实例。漏花格心精细绝伦，裙板上也满施雕绘，可谓中国式"洛可可"的典范。

广东乡土建筑与浙江乡土建筑的门窗装饰相比，一个繁复一个简洁；一个混水一个清水；一个娇艳华美、热情奔放，一个清新素雅、朴素端庄；各显个性，各具特色，很难说哪一个更美。一个是繁复之美，一个是典雅之美；可谓双峰耸峙、各擅胜场，各自满足了地域居民的审美要求，为当地人所喜闻乐见。

（1）

（2）

（3）

广东乡土建筑的窗饰——广东潮州城楼

广东乡土建筑的窗饰——广东开平自力村（1）～（3）

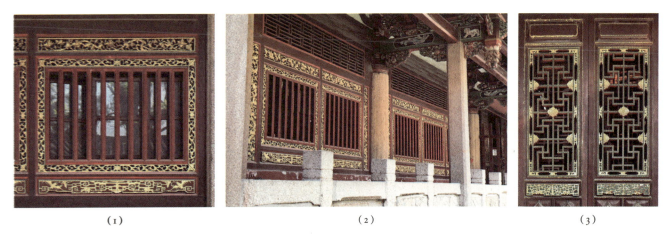

广东乡土建筑的窗饰——广东潮州开元寺（1）~（3）

广东乡土建筑的窗饰——广东潮州民居（1）~（3）

广东乡土建筑的窗饰
——广东潮州龙湖寨

广东乡土建筑的窗饰——广东潮州己略黄公祠（1）（2）

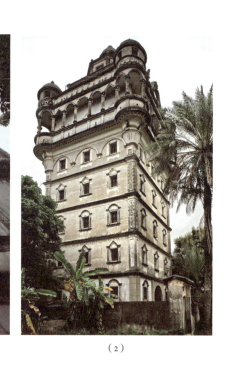

广东乡土建筑的窗饰——广东开平瑞石楼（1）（2）

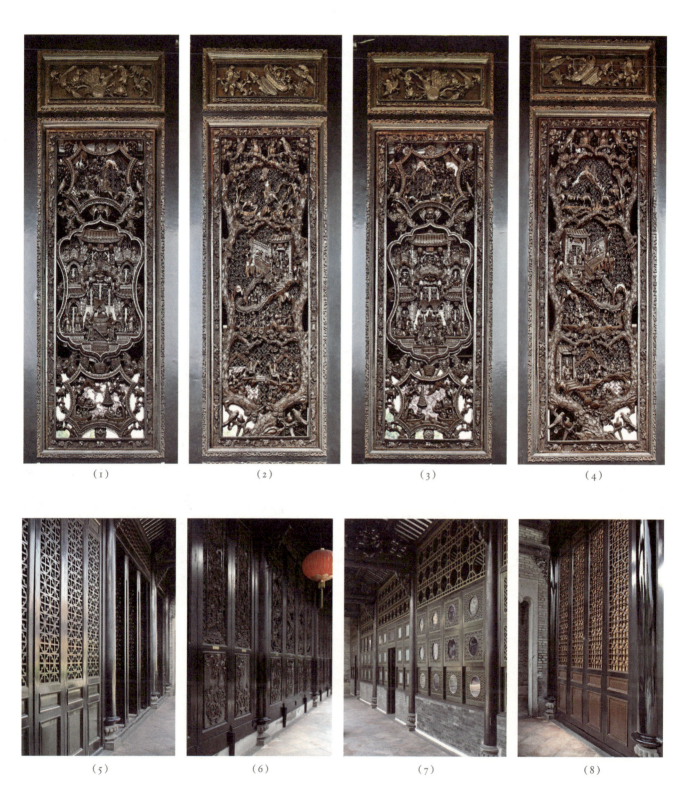

广东乡土建筑的窗饰——广州陈家祠堂（1）~（8）

(1)

(2)

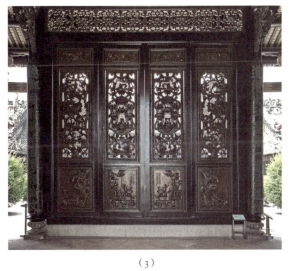
(3)

(4)

(5)

(6)

广东乡土建筑的窗饰——广州陈家祠堂 (1)～(6)

广东乡土建筑的窗饰——广州陈家祠堂（1）~（6）

中国窑洞的窗饰
——适应地域生态环境的创造

中国窑洞是世界上现存数量最多的古代穴居型民居，主要分布在陕西、甘肃、宁夏、山西、河南等省，以黄土高原地区最为集中。它依山靠崖，适应气候，就地取材，掘洞而居，使用可循环的生土建造，节地、节能、节省资源，是原始生态型建筑的典范。

中国窑洞的门窗也充分体现了生态的建筑原则。无论是靠崖式窑洞还是下沉式窑洞，都是在黄土层中开挖出的拱顶洞穴空间，只有窑洞的正立面（俗称"窑脸"）的洞口与室外连通。此外，诸多独立式窑洞也是掩土或覆土的拱形建筑，也只有正立面可以对室外开窗，其余三面均为封闭。因此，"窑脸"圆拱形洞口墙面（俗称窑墙子）上的门窗成为窑洞建筑最重要的装饰部位。正是"窑墙子"上门窗的装饰突出表现了窑洞民居的个性风采。

窑洞民居门窗装饰的特点体现在以下五个方面：

1. 早期的窑洞，其"窑墙子"通常嵌进窑脸一些。阳光的阴影勾勒出券洞的轮廓。在"窑墙子"上开门窗洞口。其窗洞通常为方形，采用"步步锦"式窗格（俗称回格窗）。这种窗多为固定窗，不能开启，根据窑洞的大小取五回格、七回格或九回格等形式。窗棂涂成黑色，内衬白色的窗纸，朴实醒目。

2. 晚期的窑洞，其门窗布满整个窑洞的开口，最大限度地满足了窑洞的日照、采光、通风要求。窑洞民居拱形的开口通常做成门连窗的形式。入口大门居中或靠一侧设置，除了门扇窗台之外，几乎均为镂空木窗格。上部半圆部分的两侧为固定扇，中间为可开启扇。下部的窗扇或固定或平开，便于通风。

3. 与圆拱形洞口吻合的门窗，其造型如实地反映了圆拱形洞穴的结构受力逻辑，表达了窑洞建筑的个性特征。窑洞村落中依山靠崖的民居，顺应山势依等高线布置，与山崖浑然一体。连排的拱形门窗，整齐划一、层层叠叠、高低错落，构成独具特色的窑洞村落景观。

4. 窑洞的门窗作为建筑立面上最核心的部位，其装饰得到格外的关注。即使经济能力有限，也要在这个门面上精心装饰一番。通常将门窗上部半圆形部分，对称地分隔成三至五块，作不同形式的漏花装饰：居中的一块可开启窗扇，其漏花装饰较为复杂、精致，两侧的固定扇，其漏花装饰相对简单。户门一侧或两侧的可开启窗扇则选用别样的漏花。漏花图案一般为几何形，极少数在上部居中的开启扇作镂空的花卉或动物图案的雕饰。窑洞民居的门窗漏花不像南方民居那么细密，其漏空部分大小适宜，这适于窗纸的裱糊，更能减少对阳光的遮挡，有利于洞内的采光，总体看来装饰相对简朴，并与生土窑居的建筑风格协调一致。只是富人的窑洞庄园门窗装饰较为丰富。有的整个门框凸出于窗外皮，门上部及两侧作精致的木雕或漏花装饰，俗称"门帘罩"。它丰富了门窗装饰的层次，突出了入口，更显出富贵。

5. 窑洞大门作为唯一的出入口，在冬季都挂上厚门帘。门帘用碎布拼花制作，其色彩鲜艳，极富地域特色。门帘很好地解决了冬季洞口的御寒问题，避免了冬季室内热量的流失。洞口挂门帘既节能，又起到了装饰作用，成为窑洞民居引人注目的亮点。

中国窑洞的窗饰——山西汾西师家沟

中国窑洞的窗饰——山西平遥民居

（1）

（2）

中国窑洞的窗饰——陕西延安枣园（1）（2）

（1）

（2）

（3）

（4）

中国窑洞的窗饰——山西民居（1）~（4）

福建土楼的窗饰
——对特殊社会历史环境的应对

福建土楼是世界上绝无仅有的民居建筑形式，有圆楼、方楼和五凤楼三种主要类型。其防卫功能在中国传统民居中尤为突出，因此其窗户形式必须与防卫功能相配合。福建土楼的外圈由河卵石墙基和厚实的夯土墙围合，出于防卫需求，外观极其封闭，对外的门窗洞口减少到最小限度。通常一座土楼只设一个大门，大型土楼也不过一个正门两个边门；土楼底层用作厨房，二层为谷仓对外均不开窗，三层以上才开设小小的窗户。窗户除了通风采光之外，还兼射击孔之用。华安县仙都乡大地村的"二宜楼"，环楼高四层，仅在第四层的外墙上开小窗，墙内侧为"隐通廊"，此廊贯通全楼，便于枪击、救援。窗洞开口内大外小，呈喇叭状，窗洞下的墙体减薄，便于贴近窗口对外射击。

客家人的土楼第三层以上用作卧室。刚建好的土楼总有诸多空置的卧房，空房先不对外开窗，随着人口的增加，要动用空置卧室时才开凿窗洞。在窗洞四周粉刷白灰窗框。不同时期凿开的窗洞大小不一、高低不一，窗框宽窄不一、新旧不一，形成布局自由又协调一致、统一而有变化的立面构图，完全打破了一般建筑整齐对位的开窗形式。土楼的窗洞构成福建土楼一个突出的个性特征。现代建筑大师勒·柯布西耶的代表作朗香教堂的窗洞与福建土楼的窗洞有异曲同工之妙，似乎大师正是从福建土楼中汲取了灵感。

永定县高陂镇上洋村的"遗经楼"，五层楼的外墙上虽然每层都开设窗户，但是窗洞从五层到底层逐渐缩小，底层厨房的窗洞宽度不足20cm，中间还加一根竖棂。外立面上窗洞上层大下层小，形成退晕的外观效果，给人稳定坚实的感觉，整座土楼活像一座宏伟坚实的古城堡。

福建土楼外墙窗洞口很小，窗扇十分简单。通常只在窗洞下部设栏杆，有的加设内开的木板窗扇。"隐通廊"的洞口和底层的小洞口都不设窗扇，以便对外射击。

福建土楼是福建闽西、闽南山区特定地理、历史环境的产物。其窗户形式正是适应当时战乱环境、出于防卫需求的必然结果。

福建土楼朝向内院的窗户与外围土墙上的小窗洞截然不同。土楼卧室开向内院的窗户以简洁的直棂窗为主。

龙岩市适中乡的方楼，内走廊全部为直棂窗。永定县高陂镇的"遗经楼"，内廊直棂窗的中心还打开一个圆窗洞，既丰富了立面，又成为从走廊中观看内院的取景框。

客家方、圆土楼的内通廊则不设直棂窗，对内院开敞。各间卧室均对通廊开窗，窗户通常做成直棂推拉形式，又称"鲨叶窗"。其外层直棂窗扇固定，内层直棂窗扇可推拉，开启时一半的窗口面积可以通风采光，推拉关上时则完全封闭，保证了卧室的私密性。推拉窗可以任意调节开启面积的大小，既简单又实用，是福建土楼中采用最广泛的窗户形式。

客家土楼的底层厨房对内院开敞。每个开间的柱间，除了厨房门之外，窗台以上部分全部开窗。窗上部为直棂窗，不设窗扇，很好地解决了通风和采光，使厨房内的烟气可以通畅地排放。窗下部为橱柜，橱柜高50cm、深30cm左右，用作贮存食具、菜肴。橱柜内侧为推拉实心板门，橱柜外侧为直棂推拉的"鲨叶窗"。炎热季节里，内外侧窗扇都打开，柜内便可通风降温。寒冷季节里，内侧板门关闭，外侧直棂窗开启，柜内的温度与室外相近，比置于室内橱柜的温度要低得多，适于食物冷藏。根据需要通过直棂窗的推拉还可以有效调节开启缝隙的大小。橱柜起到了现代"冰箱"的作用。

福建土楼外观封闭，就像一个易守难攻的城堡，土楼内院则是亲切宜人、适宜生活的居住空间。南靖县"怀远楼"内院中有环形祖堂，内外环之间，用矮墙分隔成小院，空间倍加丰富。内院中灰砖矮墙的漏窗常用绿琉璃镂空花格砌筑，简洁、优美。客家土楼内院的中心为祖堂，这里是祭祖的场所，又兼作私塾。祖堂是土楼的核心，是重点装饰的部位。其门窗漏花装饰类似闽南民居，雕饰丰富、色彩鲜艳。如南靖县梅林镇"怀远楼"祖堂两侧的落地隔扇与厢房的窗户都有精美的漏花雕饰。而门窗漏花最为华丽的要数永定县的"永康楼"。此外，国家级文物保护单位——平和县"绳武楼"的门窗雕饰更是福建土楼中的佼佼者。

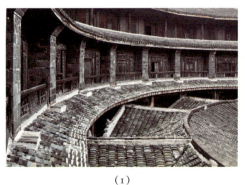  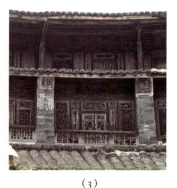

（1）　　　　　　　　　　　　　（2）　　　　　　　　　　　　　（3）

福建土楼的窗饰——福建平和绳武楼（1）~（3）

（1）　　　　　　　　　　　　　（2）

福建土楼的窗饰——福建华安二宜楼隐通廊（1）（2）

门窗艺术

(1)   (2)   (3)

福建土楼的窗饰——福建永定遗经楼（1）～（3）

(1)   (2)   (3)

福建土楼的窗饰——福建南靖怀远楼（1）～（3）

(1)   (2)

福建土楼的窗饰——福建南靖书洋和贵楼（1）（2）

（1）

（2）

（3）

福建土楼的窗饰——福建南靖书洋和贵楼（1）~（3）

（1）

（2）

福建土楼的窗饰——福建永定福裕楼（1）（2）

门窗艺术

福建土楼的窗饰——福建华安二宜楼

福建土楼的窗饰——福建永定侨福楼

福建土楼的窗饰——福建龙岩适中典常楼

福建土楼的窗饰——福建永定民居

（1）

（2）

福建土楼的窗饰——福建永定永康楼（1）（2）

（1）

（2）

（3）　福建土楼的窗饰——福建永定湖坑振成楼（1）～（3）

少数民族 风格迥异

中国50多个少数民族的民居各具特色。其各自的门窗装饰也是风格迥异、丰富多彩。但绝大部分受汉族的影响，基本装饰要素与汉族几乎相同。一些地处山区的少数民族，受经济发展水平的局限，其民族特色多表现在空间布局与地方材料的应用上。门窗部分则十分简单，只是简单的木板窗或直棂窗。门窗装饰较为丰富的一些云南少数民族民居，与汉族的民居差异不大。门窗装饰民族特色最显著的当数藏族民居与蒙古族民居。

现分述如下。

藏族建筑的窗饰

在西藏以及川西藏区，藏族建筑特色鲜明，其窗户形式独具个性：矩形窗洞周边黑色的梯形窗套格外醒目，挑出墙外的窗楣装饰华丽，窗扇、窗棂五彩缤纷。

其实这种窗户形式的产生不是偶然的，它是与藏民的传统意识、高原的气候特点及地方的建筑材料相适应的产物。

西藏石材丰富，以布达拉宫为代表的藏族宫殿建筑，建在石头山上，石砌墙体收分极大，稳定坚实。农区的民居也多用石砌墙体，内皮垂直、外皮同样有很大的收分，使得窗顶比窗台窄得多。西藏的夏天又是"一日见四季"，时雨时晴，墙面的雨水直泄窗台，因此出挑的窗楣就十分必要，宽宽的窗台抹成外倾的斜面也是排水的需求。又粗又黑的梯形窗套，其造型也自有它的道理。梯形窗套与大收分的墙体相协调，给人稳定的美感。同时，藏民认为黑色可以驱鬼避邪。特别宽的窗套，连同窗侧墙面以及窗台，均用当地一种植物烧制的黑色涂料粉刷，这种黑色涂料附着牢固不容易退色。窗洞四周大片的黑色起到一种类似"太阳能集热器"的作用，在西藏寒冷的冬季，这对提高室内温度起到重要作用。在距太阳最近的青藏高原，太阳能如此有效地被利用，藏民的聪明才智可见一斑。

窗洞上采用粗大的木过梁，有的还做成内低外高两个层次。使用二至三层的短椽出挑，支撑大出檐的窗楣，窗楣的小坡顶采用传统"阿嘎土"夯打的屋面防水做法。窗楣檐下是重点装饰的部位。每层木椽油漆不同的色彩，通常上层红色、中层绿色、下层蓝色或黄色。木窗框上也施层层雕饰，一层莲花彩绘图案，一层精细雕刻的"经堆"，即在木框上雕刻出堆砌的小方格，形似松子，故又称"松格门框"。窗框每一层次均施五颜六色的彩绘，装饰图案以花草为主，极其华丽，突显藏式的装饰风格。

藏式窗户的木窗扇通常作花格装饰，不用木雕漏花，窗格子较大，只是选择几种图案组合，比较粗犷，尤其通透，这与冬季日照要求有很大的关系。然而，木窗扇、窗棂的油漆用色大胆鲜艳，甚至一个窗户中几个窗扇颜色各不相同。有的窗口下部还加一排固定扇，板面彩绘花木山水图案，有的窗口设黑色的金属防盗格栅，面上还附加金色的金属花饰。如此复杂的色彩与装饰，由于白色石墙的衬托和粗黑窗套的勾勒，并不使人觉得繁杂、花哨，反而突显藏民的审美情趣和藏族建筑的个性特色。

西藏农区的民居多数两层，均朝南开窗，底层窗洞较小，有利防盗，二层卧室窗台很低，窗洞较大，有利冬季日照。在西藏只有宫殿庙宇和贵族的住宅才允许做转角窗，使开窗面积进一步加大。不少宫殿庙宇，顶层墙体采用半石半草的传统做法，内侧一半为石墙，外侧一半为草墙，即用当地一种质地坚硬的"白马草"，切成约一尺长，叠砌并塞紧，外表面粉上棕色涂料，形成顶层窗间墙特殊的装饰效果。由于顶层墙体较薄，这种半石半草的墙体，既保温又透气，成为藏式建筑的又一特色。

有的窗顶檐口还围上打褶的白帆布窗帘，藏语称"夏普"。布帘迎风飘动，既起遮阳作用，又营造了特殊的动感效果。有的贵族庄园不用布帘，改用镂空花饰的金属帘。布达拉宫的白宫和红宫顶层是棕色的窗间墙装饰，中间数层是标准的藏式梯形窗套的窗口，有的上层较大，下层窗较小，最底下两层是简化的不加黑窗套的窗洞，再往下是基座上的凹洞。自上而下形成退晕的感觉，突出了布达拉宫大收分墙体稳固坚实的艺术效果。整个宫殿就像在山体上自然生长而出，气势恢弘。这个举世闻名的藏式宫殿，其造型特色中，窗洞的装饰起到了举足轻重的作用。

西藏以及川西藏区藏式建筑窗户的形式及其装饰的个性特点，生动地展现了传统建筑形式与社会环境、自然环境的高度适应，突显了其民族特色与地域特色。

（1）

（2）

（3）

藏族建筑的窗饰——四川香城藏族寺庙（1）～（3）

藏族建筑的窗饰——西藏寺庙

藏族建筑的窗饰——四川理塘藏族民居

藏族建筑的窗饰——西藏拉萨大昭寺

门窗艺术

藏族建筑的窗饰——西藏民居（1）～（9）

（1）

（2）

（3）

（4）

藏族建筑的窗饰——西藏民居（1）～（4）

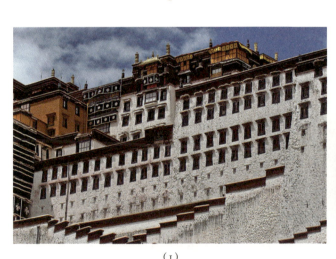
（1）
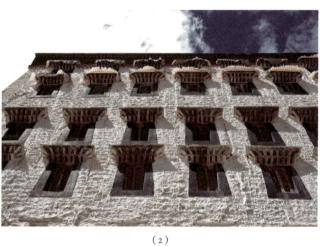
（2）

藏族建筑的窗饰——西藏拉萨布达拉宫（1）（2）

蒙古族民居的窗饰

蒙古包是蒙古族典型的传统民居，它是一种装配式、可移动的居住建筑，它很好地适应草原气候条件，它最佳地满足了狩猎游牧民族特殊的生产和生活方式的要求。

初看蒙古包除了一个大门似乎没有窗户，其实它是门窗与建筑结构完美结合的生态型建筑的典范。它是北方狩猎、游牧民族经过千百年实践，不断改进、完善，才逐渐形成的极富特色的民居形式。

在商周时期我国北方游牧民族的居所是"斜仁柱"式的可移动住房，即用多根木杆、其上部捆扎作为骨架、外覆兽皮而成，这是蒙古包的雏形。到公元前5世纪，匈奴人对其进一步完善，才形成我们今天见到的传统蒙古包的形制。

蒙古包为毡木结构。其外墙通常由五片或七片"哈那"绑扎成环形的壁棚。"哈那"是用有固定弯曲度的松木杆交叉组合而成。松木杆交叉节点穿驼皮条固定轴，使整片"哈那"很容易折叠成捆，便于装卸运输。蒙古包的顶，是以木制环形的"陶脑"为中心，环周铰接橼条（俗称"乌尼"），形成伞骨状的结构。它可自由开合：打开后用皮条鬃绳与墙体壁棚绑扎成圆锥形的屋顶骨架，拆卸后可以合拢成束，便于搬运。壁棚与屋顶骨架绑扎固定后形成一个整体的空间结构，坚固且稳定。

整个蒙古包圆形外墙壁棚，如同斜方格木棂落地窗。壁棚外覆一二层毛毡，用绳索束紧，贴近地坪的一圈为活动毛毡，夏季可以掀开，形成环周的通风窗，也可根据风向选择方位自由开闭，在这里墙与窗的功能得以完美地结合。

在圆锥形屋顶骨架上又包裹毛毡，用以防风雨、御寒气。环形的"陶脑"，就是最理想的圆形采光天窗。蒙古包正中的顶光，使室内光线明亮、均匀且柔和。"陶脑"即圆洞天窗外还加盖一块毡子，毡子系上垂下的绳索，坐在室内便可方便地开合毡子，满足蒙古包内采光、排气、防雨、御寒的要求。蒙古包唯一的大门为红油漆木门，朝向太阳升起的东南方向，便于迎接黎明的第一缕阳光。

蒙古包直径一般为4m左右，面积不过十几平方米。圆形平面周边高度约1.4m，中心包顶高度约2.2m，室内空间较小，节约冬季采暖能源。外墙底部环周活动毛毡开启后形成的低位窗口与高位的顶部天窗，产生理想的热压通风效应。形成良好的自然通风，保证了室内空气的清新。更可贵的是它还可以自由地调节。用最简单的办法，取得了最好的节能效果，增加了室内的舒适度。这种门窗形式，巧妙地利用可再生的气候资源，简洁、生态且独具特色。

蒙古族民居的窗饰——内蒙古草原上的蒙古包

蒙古族民居的窗饰——蒙古包用数片"哈那"绑扎成环形的壁棚

蒙古族民居的窗饰
——蒙古包外墙活动毛毡掀起后形成的环周通风窗口

蒙古族民居的窗饰——蒙古包大门与壁棚

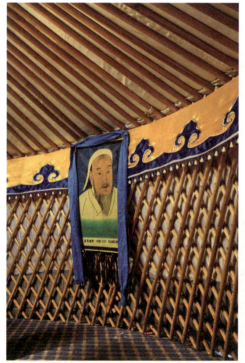

蒙古族民居的窗饰——蒙古包室内

蒙古族民居的窗饰
——蒙古包外墙的"哈那"

蒙古族民居的窗饰
——蒙古包的"陶脑"与"乌尼"铰接的伞状屋顶结构

白族民居的窗饰

以"银苍玉洱"为中心的云南大理，是全国80％以上白族人口的聚居地。以"三坊一照壁"、"四合五天井"为代表的合院式民居是白族民居的一种典型代表。现存比较完整的集中在喜洲镇与剑川镇。喜洲镇自古人烟稠密，手工业发达，是洱海西岸白族政治、经济、文化的中心，经商历史悠久，喜洲董、杨、严、赵四大姓尤为兴旺。镇内至今仍保留着大量完整的白族民居，其建筑装饰之华丽是云南少数民族中少有的，这同样表现在白族民居的门窗装饰上。这里的白族人尤其注重住宅的气派，攀比、炫耀之风首先体现在白族民居的入口门楼，尤其是"三滴水"式门楼，双层翘角、斗栱精致、装饰奢华。白族人只要有经济能力，即使家庭人口不多也要盖合院式大瓦房。通常先把房子主体结构建好，房间没人住先空着，门窗雕刻装修也不搞，等有了钱、请到好的工匠后才逐步完成。当地流传一段民谣："白族人、大瓦房、空腔腔；客籍人、茅草房、油飘香"，生动地道出了白族人与客籍人住房观念的差异。白族的"三坊一照壁"民居背靠苍山面对洱海，坐西朝东。高高的照壁既能阻挡寒风吹进内院，又能反射阳光照亮厅堂。大理地区"四时之气，常如初春"的气候，使内院主、厢房底层宽敞的走廊可以作为日常起居的生活空间。主房与厢房明间都是采用六扇落地窗，梢间均为方窗。二层楼是一式的横条窗，采用较大漏空的花格以利采光，只有少部分窗扇可以开启。六扇落地窗完全开启可以很好地满足室内采光的要求，使室内空间与宽敞的走廊连成一体，因此底层落地窗的采光功能让位于装饰功能，落地窗成为敞廊立面装饰的重点。与其他地区不同的是，白族民居落地窗的格心、裙板及上、中、下绦环板均满布雕刻。而且窗扇一概施暗红色油漆，并以黑、绿、金色点缀，使得窗扇在以黑、白、灰色调为主的白族民居中显得格外醒目。

白族民居门窗格心常用粗窗棂构成简单的菱花格，并在粗壮的格棂上作浮雕，更有在棂格的交叉点雕刻福禄寿喜文字的，使整个格心远看粗犷、近观精细、自成一格。

白族民居的门窗装饰最显著的特色还表现在它的木雕艺术上。剑川木雕早已闻名天下。在民居中木胜的题材以动物、花鸟为主，只在寺庙中才能见到佛教人物的雕刻。木雕以高浮雕和透雕为主，以写实与多层次见长，常见二层、三层透雕，最多的竟达四个层次。木雕的花卉、器物形象逼真，与实物无异。如美艳的梅花，细小的花蕊清晰可见；丰满的菊花，纤细的花瓣自然卷曲；高贵的牡丹，层叠的花瓣新鲜柔嫩。其刻画之细腻、打底之光洁，如瓷似玉，鲜活得使人感觉似乎嗅到了鲜花幽幽的飘香。剑川木雕画面纹饰丰腴多样、层次丰富；花鸟造型准确生动、构图紧凑；木刻漏花雕工娴熟、手法洒脱。

剑川木雕之所以如此精妙，无疑有其历史原因。剑川是藏川滇茶马古道上的重镇，剑川沙溪的寺登街，是留存至今的、茶马古道上的一个小镇，现在已被联合国列为濒危文化遗产。当年马帮的头人（俗称为"锅头"）积聚了巨额财富，他们修建住宅有雄厚的经济基础，门窗雕刻装饰成为他们炫耀乡里的重要选择。再者白族人对住宅装饰的注重，更促进了剑川木雕技艺的发展与繁荣，使剑川成为我国西南地区显赫的木雕之乡。仅以剑川镇木雕比较集中的狮河村为例，如今全村总人口不过4000，从事木雕的竟有2000多人。我在村中木雕厂记录下琳琅满目的未施油漆的门窗格心半成品，就足以显示他们精湛的木雕技艺：

件件线条幽曲有度、扇扇构图深沉旖旎，彰显其刀功之老辣、手法之多样。这些门窗雕饰，无疑是多少代以来白族人生活记忆的积淀，是白族人社会心理的寄托和思想情感的归宿。

此外，当地老君山上盛产的"青皮木"，质地细致、颜色浅淡、色泽均匀、没有节疤、软硬合适、便于雕凿且不易干裂，也为木雕的发展奠定了材质上的优势。

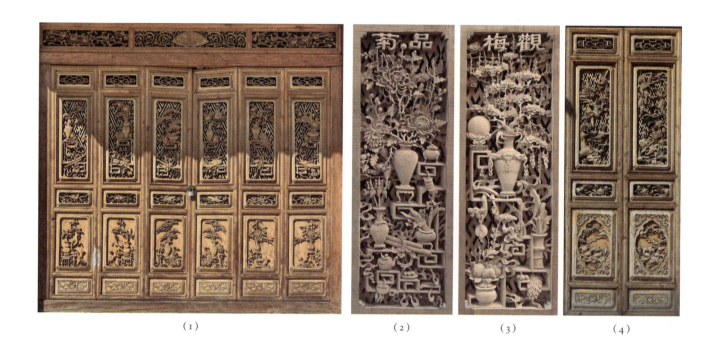

(1)　　　　　　　(2)　　(3)　　　(4)

(5)

(6)

白族民居的窗饰——云南剑川沙溪河村（1）～（6）

门窗艺术

(1)

(2)

(3)

(4)

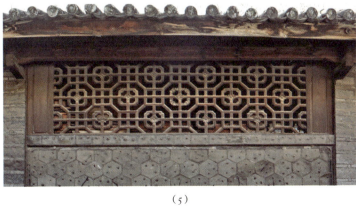
(5)

(6)

白族民居的窗饰——云南喜洲民居(1)~(6)

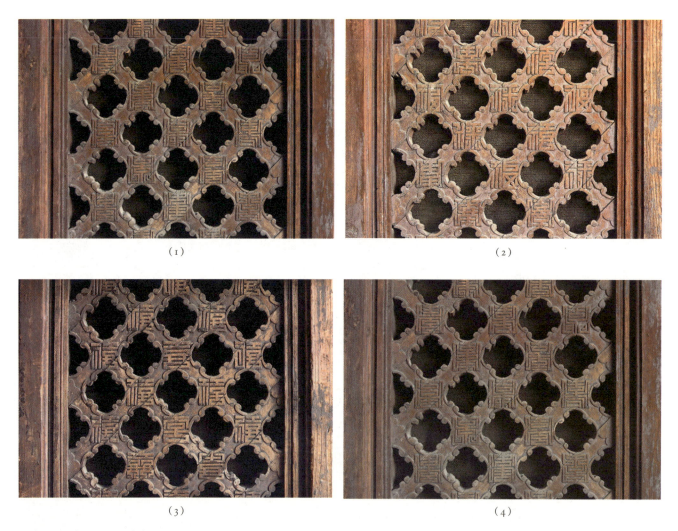

白族民居的窗饰——云南喜洲民居（1）~（4）

白族民居的窗饰——云南剑川沙溪村（1）（2）

白族民居的窗饰——云南剑川沙溪村

|（1）|（2）|（3）|（4）|

白族民居的窗饰——云南大理中和居客栈，多层次木雕（1）~（4）

纳西族民居的窗饰

纳西族是南迁的西北高原古羌人的一个支系，其文化历史悠久，在晚唐时创造了一种象形的东巴文字。云南的丽江是纳西族最集中的一个县。丽江自古以来是川滇藏三省的变通枢纽，是茶马古道上的重镇，是滇西的咽喉之地。藏人马帮到丽江就不再前行，因为不仅语言不通，更难适应内地闷热的气候。内地的商人也同样面临语言、生活习惯的问题，更难适应高原寒冷缺氧的环境，到了丽江也就此打住。因此丽江自然成为交易的中间地带。在相互贸易的交往中，纳西人起到了不可替代的作用。这里也成为多元宗教、多元文化交汇和积淀的特殊区域。丽江的建筑艺术正是反映了汉族、白族与藏族文化的交流与融合。

以丽江民居为代表的纳西族民居，是"云南最美丽生动的住宅"（刘致平），其平面布局，除了"三坊一照壁"、"四合五天井"之外，还有前后院、多进套院等多种形式，在主体格局上承袭了白族民居的经验，又受汉族民居的影响。合院式布局围合出的近似方形的大天井，成为家居生活的中心，院内种植牡丹、芍药、海棠等各种花卉，有的还把宅旁潺潺的泉水引入室内，一个院子就像是一个花园。内院周边宽敞的檐廊（俗称厦子），把室内外空间连成一体。清新的空气、明媚的阳光、洁净的流水，造就了纳西族百姓舒缓平静的家居生活。"家家有院、家家有花"，"赏心乐事、悦目芬艳"，体现了人与自然的和谐。在堂屋的"六合门"上，纳西人喜欢把一年四季的花卉、寓意吉祥的飞禽走兽、琴棋书画和博古器皿雕刻在格心、裙板和绦环板上。由于丽江现有的民居多是近一二百年所建，不少门窗雕饰是请大理剑川的雕工制作的，所以与白族的六合门十分相似，但仍有一些花饰为白族民居所不见。同时丽江民居又受藏文化的影响，门窗上油漆的色彩更加亮丽，颇有藏式建筑装饰的风格，成为内院中最亮丽的一道风景线。"纳西民居让人们身处其中，感觉不到自然从哪里结束，艺术从哪里开始"。纳西族民居的窗饰在营造安详与和谐中同样充当了不可或缺的角色。

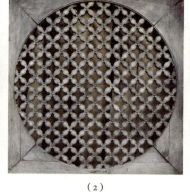

（1）　　　　　　　　　（2）　　　　　　　（3）

纳西族民居的窗饰——云南丽江民居（1）～（3）

（1） （2） （3）

 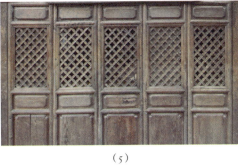 

（4） （5） （6）

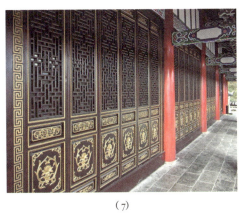  

（7） （8） （9）

纳西族民居的窗饰——云南丽江民居（1）~（9）

维吾尔族民居的窗饰

维吾尔族是新疆少数民族中人数最多的主体民族。由于新疆地域广大，各地区气候迥异，因此各地区的维吾尔族民居从建筑布局到建筑材料都有较大差异。有重点的装饰装修是维吾尔族民居的重要特征。就其窗饰艺术而言，喀什地区的维吾尔族民居较有代表性。喀什民居院落处理最具特色，它善用高低层的错落布置、开敞的柱廊和露天的楼梯来围合宅内庭院，使建筑内外空间相互渗透，既统一又富于变化，院落空间尺度适宜、建筑立面有虚有实、绿化配置疏密有致、庭院环境健康舒适。住宅室内外装饰丰富、色彩艳丽，特别是其外廊檐部连贯一气的木雕尖券花饰和窗楣（俗称窗套）的尖券雕饰特色鲜明，配合柱头装饰、石膏花饰及油漆彩绘等，使维吾尔族民居的装饰独具个性。

喀什地区维吾尔族民居的开扇窗，通常自下而上分为开启扇、固定扇及窗楣三个部分：可开启的窗扇分格简单、不加雕饰；固定扇的高度很小，构成横向的分隔装饰带，其窗格仅做简单的花饰；窗的最上部是窗楣部分，这里是维吾尔族民居窗饰特色之所在。通常建筑的窗楣装饰都是在矩形窗框的顶部做文章，而维吾尔族民居中是在矩形窗框之内做窗楣。窗楣常见两个或三个尖券的造型，券洞早期为圆券，源于佛教，晚期发展成变化更丰富的尖券。尖券以及下垂的柱头式样都具有明显的伊斯兰风格。木雕尖券及花饰突出于窗玻璃之外，雕刻精致，有的叠加彩绘，构成虚实与繁简的对比，尤其醒目耀眼。

喀什地区维吾尔族窗饰特色的形成决非偶然。喀什地区人口密集，二至三层的民居结合地形高低错落，呈密集组合的小庭院布局，这是适应当地干热性气候环境的产物。庭院及围合庭院的敞廊是重要的生活空间，特别是宽敞的走廊更是生活起居的重要场所。因此在柱廊及门窗上作重点装饰是创造温馨、舒适人居环境的要求。在密集的住宅区中没有多少外立面可供装饰。住宅入口大门及院墙几乎不加任何装饰，与土墙窄巷十分协调。对外毫不张扬，对内则恰好相反，除了朝向内院的走廊外，民居的室内装饰更是琳琅满目：雕花的壁龛、石膏花饰、鲜艳的地毯，在外窗内增设窗套，同样又加一层木雕尖券窗楣，尽显奢华。

喀什地区是古丝绸之路上的交通要冲，这里北接吉尔吉斯斯坦、西通中亚西亚、南到印度半岛，是中西文化荟萃之地。伊斯兰教的传入，带来了它特有的符号与装饰手法，如尖券、花卉图案、墙面满装饰的瓷砖镶嵌等。从宗教建筑开始，进而延伸到传统民居，遂形成独具特色的维吾尔族民居门窗的窗楣装饰。上述维吾尔族民居庭院、敞廊、室内装饰处理，以及对蓝绿色彩的偏爱，都是满足维吾尔族人本原需求的产物，是维吾尔民族的习俗心态、审美观与价值观的生动体现。

门窗艺术

(1) (2) (3)

(4) (5)

(6) (7)

维吾尔族民居的窗饰——新疆喀什民居（1）~（7）

(1)

(2)

(3)

(4)

维吾尔族民居的窗饰——新疆喀什民居（1）～（4）

赏心悦目 美不胜收

建筑的门窗固然其实用性是主要的，但人的天性决定了人们祈盼门窗的实用与美观相结合，因为美的事物总会使人的心理产生愉悦感和满足感。中国传统的门窗装饰正是很好地满足了人们对美的追求与渴望，因此，研究中国传统建筑门窗装饰的造型艺术及其美学特征，有助于我们深入认识它的艺术价值，从而为这一珍贵文化遗产的传承和发展奠定基础。

门窗装饰的形式美

中国传统建筑门窗装饰形式美的表现是多方面的。这里包括窗扇本身的外形、窗扇分格的构图比例、窗扇的格心、绦环板、裙板中花格雕饰之间的虚实对比以及协调关系等。

作为在建筑墙体上开洞的窗口，人们第一眼感受到的是它的外形轮廓，或大或小、或圆或方、六角或八角等。如果是矩形窗则有一个长宽比例的讲究。这个比例没有定式，"黄金分割"比例的美有一定道理，但并非那么绝对。至于落地的隔扇窗，其柱间隔扇整体的高宽比例是十分重要的，同时每一面窗扇自身的高宽比例也有美丑之别。当然不同时代由于种种原因窗扇的高宽比会有所不同，如宋代的隔扇较宽而且低矮，明清的隔扇相对窄而且高，这当然与明清建筑较少设风窗有一定关系。

以常见的五抹头隔扇为例，其立面分格比例大有讲究。格心、裙板以及上下绦环板的高矮有个比例问题，各自的长宽有个比例问题。它们与边框以及抹头的宽窄也有一个比例问题。这些都是传统工匠在动手制作之前，应事先考虑、精心设计的课题。何况除了实用、美观之外，还要兼顾木料的特性，使之既坚固牢靠又经济实惠。

格心无疑是装饰的重点，通常为漏空花格。裙板装饰从简，甚至完全不施雕饰。上、下绦环板常用浮雕或镂雕，它们与格心的花饰要有所协调，视觉上要有主次，突出格心，互不争抢。这样不仅使隔扇达到气息流通、景观互借的目的，而且使整个隔扇远看装饰有主体、有陪衬，和谐精致，近看装饰有内容、有细节，耐人寻味。

以上仅以隔扇作为例子来叙述。至于槛窗，就更为丰富，各个地区各有习惯的构图布局和习惯做法，也表现出各自的地域特色，但同样有槛窗高宽比例、立面分隔构图、花格雕饰协调这些形式美的问题，同样要遵循和谐、精致、美观的原则，因此才同样让人赏心悦目。

门窗装饰的形式美（隔扇）
——四川剑川民居

门窗装饰的形式美（隔扇）
——广州民俗博物馆

门窗装饰的形式美（隔扇）——安徽西递村

门窗装饰的形式美（隔扇）——北京恭王府

门窗装饰的形式美（隔扇）——湖北晴川阁

（1）

（2）

（3）

门窗装饰的形式美（开扇窗）——湖北晴川阁（1）~（3）

门窗装饰的形式美（开扇窗）——安徽明园

门窗装饰的形式美（开扇窗）——安徽清园

门窗装饰的形式美（开扇窗）——安徽宏村

窗格线条的韵律美

侯幼彬先生在《中国建筑美学》中，将几何纹饰的门窗格心从平面构成的角度，分为平棂构成与菱花构成两大类。

平棂构成是乡土建筑和园林中常见的格心构成方式，大致分为五种形式：

1. 间格构成：即最早出现的直棂窗。它是等距离的竖棂构成。其形式有板棂、直棂、破子棂三种。即窗棂的断面形式不同：板棂的竖棂断面为板状长方形；直棂的竖棂断面为方形或矩形；破子棂的竖棂断面呈等腰三角形或五边形，尖角对外、平面朝里，利于裱糊。也有将两个侧面加工成凸出的弧面，使竖棂视觉上更为饱满的。这种形式避免了过厚的窗棂对光线的遮挡，使朝南的窗户得到更长时间太阳的直射。不仅采光好，而且从室内外望，景观也更为清晰。

2. 网格构成：即竖棂与卧棂交叉成方格，或45°的斜方格的十字锦图案，又称豆腐块。还有以竖棂为主，加几组横向的卧棂，如"一码三箭"式，又称三条线。形成视觉上小方格与长方格之疏密对比，传达一种美的信息。

3. 框格构成：即横竖棂呈丁字榫接。呈现出步步锦、风车锦、席纹锦等图案。

4. 连续构成：即横竖棂、交叉、丁字或拐弯或成一定角度连接，构成双向连续的图案。如亚字锦、万字锦、龟背锦、星光锦、金钱锦等。

5. 沿边构成：即沿格心的内缘四周作横竖棂各种构成，中心留空，如灯笼锦。留空部分又称窗心，可透空、可裱画、可嵌雕版，进一步增加了格心的装饰性。

以上五种构成形式时常组合运用则变化更多。为了强化装饰效果，在平行的双棂之间，还可以镶嵌工字、套环、方胜以及各种花卉雕件，使之美轮美奂。

此外，横竖棂交织而成的图案，在阳光照射下由于光影的作用可以造成格心图案的变化：有一定厚度的直棂，在侧面受光时，一侧为亮面，另一侧为暗面，人们在窗边行走时从两个侧面观察到的图像一明一暗反差很大。而横向的卧棂从左右两侧观看完全通透，并没有明暗变化。因此，成片竖棂组成的格心图案，由于光影的变化会引起整个格心图案的变幻。人们在选用格心几何图案时巧妙地利用了这个特点，这是格心设计的一绝。

菱花构成包括正交或斜交的"双交四椀"式和"三交六椀"式两种，其造型较为丰富，等级规格较高，多用于宫殿、庙宇的门窗。

除了平棂和菱花构成之外，还有许多曲线组合变异的图案形式。

总之，以上或平棂或菱花、或直线或曲线以及组合型的格心几何纹饰，活泼自由、法无定式，但都可归结为线的艺术。在这里，作为基本线条的窗棂本身有粗细之区分、断面形状的区别和色彩质感的差异。因此，窗棂线条组合交织的形式极其丰富。线条疏密的对比、线条走向的变化、形成的曲直、对比或突变，都表现了线条艺术的韵律美。至于曲线构成的纹饰则更加柔和、自由，更富动感。这些几何图纹本身的寓意，又可触动人们会意的联想，使纯几何纹样的窗格被赋予了生命和意识，给人以美的愉悦。

(1)

(2)

窗格线条的韵律美——福建金门浦边村(1)(2)

窗格线条的韵律美——福建永安民居

窗格线条的韵律美（网格构成）——福建寿宁民居

窗格线条的韵律美
（框格构成）——福建莆田民居

窗格线条的韵律美
（连续构成）——湖北晴川阁

窗格线条的韵律美
（框格构成）——福建清流

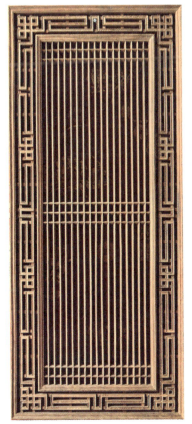
窗格线条的韵律美
（沿边网格构成）——福建仙游民居

窗格线条的韵律美
（沿边构成）——福建民居

窗格线条的韵律美（沿边构成）
——福建民居

窗格线条的韵律美（沿边构成）——湖南凤凰城民居

窗格线条的韵律美（间格构成）
——福建龙岩民居

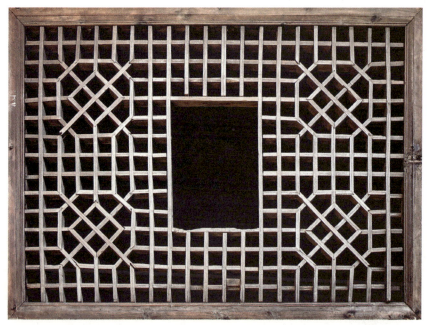

窗格线条的韵律美（框格构成）——四川大邑民居

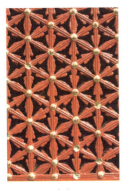

（1）　（2）

窗格线条的韵律美（菱花构成）——北京故宫（1）（2）

窗格线条的韵律美（菱花构成）——北京北海团城

窗格线条的韵律美（组合纹饰）——上海七宝民居

窗格线条的韵律美（菱花构成）——北京劳动人民文化宫

窗格线条的韵律美（组合纹饰）——云南大理沙溪村

窗格线条的韵律美（组合纹饰）——福建福安民居

窗格线条的韵律美（线条的韵律变化）——福建光泽民居

窗格线条的韵律美（线条的韵律变化）
——山西榆次常家庄园

窗格线条的韵律美（线条的韵律变化）——福建永安民居

门窗艺术

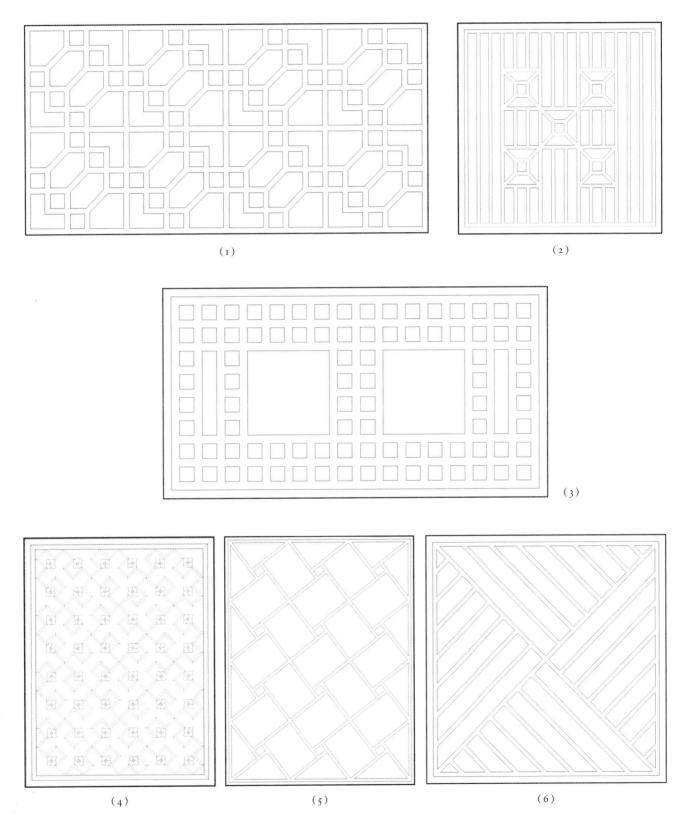

窗格线条的韵律美——福建民居图样（1）~（6）

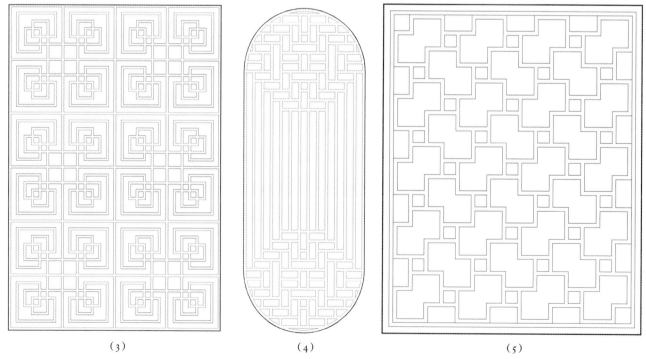

(1) (2) (3) (4) (5)

窗格线条的韵律美——福建民居图样（1）～（5）

门窗装饰的空间美

门窗的格心在窗扇中所占的面积最大，是透光通风的主要部分，是整个窗扇装饰的重点。格心常见作直线型或曲线型的透空花格，有的还在棂格的节点处点缀一些小雕件以求变化。更有在格心的中央镶上浮雕的花板，花板与各式边框统称"开光"，又称"窗心"。以此构成十字锦地团寿、风车锦地人物、冰裂纹寿字等格心漏花装饰。此类格心以花格为"地"、以雕饰作"面"；一个是"底"，一个是"图"；相互对比，相互衬托。增加了格心漏花的层次感与空间感。较复杂的格心也有用数片雕版拼接而成的。最复杂的即为整版的深浮雕，如福建永泰县嵩口镇传统民居的祭祀屏风，其门窗的格心就是采用深浮雕，一色镏金，画面呈现出五个层次的人物、建筑及风景，令人叹为观止。

传统窗扇的绦环板部分常用木浮雕来装饰，在窗扇中，绦环板处在最接近人们视线的部位，正是浮雕装饰的显眼位置。无论是采用人物故事、山水风景、翎毛走兽、树木花卉还是博古杂宝，均是把它作为突出装饰功能和教化功能的浓墨重彩之处。因此绦环板的浮雕精细有致。固然各地区风格、手法不同，或深浮雕或浅浮雕、镂雕，但无不是精美之所在。

这些窗饰图案无论是东阳浮雕仿山水画的精细处理，徽州浮雕生动的人物故事，还是福建浮雕寓意吉祥的器件鱼虫花卉的组合，均采用多层次的叠合构图，使画面层次丰富、空间活跃。在有限的浮雕厚度中展现装饰的空间美。

除了门窗格心或绦环板上的雕饰本身所展现的空间美之外，门窗在承当室内外空间分隔的功能中，扮演了极其重要的角色。洞窗、漏窗与隔扇的棂格和雕饰，使建筑空间既分隔又通透，大大丰富了建筑空间形象。在中国园林建筑中，空窗把室外叠石、树木、花卉组合成一幅幅优美的园景图。常见多重的隔墙空窗把小小的空间加以切割，使园林空间层次更加丰富，达到"小中见大"的艺术效果。漏窗及隔扇不仅仅起到分隔室内外空间的作用，在室外看它，镂空的花窗自身就是园中一景；在室内透过镂空的花窗观景，室外景物若隐若现、更加虚幻诱人，花窗犹如美女脸上的面纱，使靓女更为妩媚。尤其是当阳光透过花窗，会在室内白墙和地面上投射出生动的光影，花窗的光影成为随时间变幻的一种美丽的室内装饰。近代的漏窗还增加彩色玻璃点缀，更增添了现代的色彩与情趣。传统门窗装饰展现出的空间美是中国传统建筑装饰艺术中的一绝。

门窗装饰的空间美（窗心）——湖南凤凰城

门窗装饰的空间美（窗心）——福建福安民居（1）~（3）

门窗装饰的空间美（多层次浮雕）——福建宁德民居

门窗装饰的空间美（多层次浮雕）——福建永泰民居

门窗装饰的空间美（窗心）——江西民居

(1)

(2)

(3)

门窗装饰的空间美（增加空间层次）——浙江杭州郭庄（1）~（3）

门窗装饰的空间美（洞窗）——浙江杭州郭庄

门窗装饰的空间美（增加空间层次）——安徽屯溪程氏三宅

门窗装饰的空间美（增加空间层次）——安徽南屏民居

门窗装饰的空间美（透过漏窗观景）——江苏江阴赵园·曾园　　（1）

（2）　　　　　　　　　　　　　　　　　　　　　　（3）

门窗装饰的空间美（透过漏窗观景）——江苏苏州网师园（1）~（3）

（1）　　　　　　　　　　　　　　　　　　　　　　（2）

门窗装饰的空间美（透过漏窗观景）——江苏苏州网师园（1）（2）

门窗装饰的空间美（透过漏窗观景）——江苏苏州留园

门窗装饰的空间美（漏窗的光影效果）——福建永安民居

门窗装饰的空间美（漏窗的光影效果）——云南剑川沙溪村民居

门窗装饰的空间美（漏窗的光影效果）——辽宁沈阳故宫

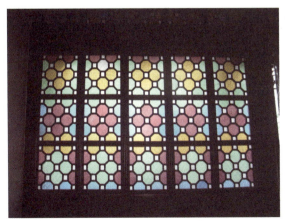
门窗装饰的空间美（彩玻璃窗）——江苏苏州留园

门窗装饰的空间美（彩玻漏窗）——江苏苏州狮子林

门窗装饰的色彩美

中国传统门窗装饰的色彩丰富而独特，尽显个性风格与地域特色。

皇家建筑窗饰或大红大绿、或金光闪烁，显示皇权的神圣。清水白木的江南窗饰质朴素雅，洋溢着清新与秀美。福建闽南的窗饰，油漆色彩鲜艳华丽，展示了活力与朝气。潮州与广府门窗的髹漆雕刻，极尽精细、繁复而独树一帜。四川寺庙的窗饰漏花，在暗红的锦地上跳跃点点金黄的花饰，庄重而华美。澳门妈祖庙的窗饰，五彩缤纷、惊艳夺目，彰显信众的崇敬与热忱。色彩在表现窗饰的个性特色中扮演了不可替代的角色。

各地区、各类型建筑的门窗装饰，其色彩的对比与谐调、不同色彩的配搭与构图、同一色彩的浓淡与退晕，传达了无数美的信息。丰富多样的色彩使门窗装饰艺术这个中国传统民间艺术宝库更添异彩。

（1）

（2）

门窗装饰的色彩美——山西五台山金阁寺（1）（2）

（1）

（2）

门窗装饰的色彩美——北京恭王府花园（1）（2）

门窗装饰的色彩美——北京恭王府花园　　　　　　　　门窗装饰的色彩美——福建莆田莆禧城隍庙

（1）　　　　　　　　　　　　　　　（2）　　门窗装饰的色彩美——西藏民居（1）（2）

门窗装饰的色彩美——福建莆田莆禧城隍庙（1）（2）　　（1）　　　　　　　　　　（2）

门窗装饰的色彩美——云南丽江民居

门窗装饰的色彩美——福建厦门青礁慈济宫

门窗装饰的色彩美——澳门民居

门窗装饰的色彩美——福建泉州开元寺

(1)

(2)

门窗装饰的色彩美 —— 澳门妈祖庙（1）（2）

门窗装饰的工艺美

传统建筑艺术要有相应的工艺技术来实现。木门窗的装饰造型之美，离不开其加工工艺的精湛。门窗窗框、窗棂的制作，从选材、配料、锯刨、做榫、起线到雕刻、油漆，各个工序的工艺水平都直接关联到门窗的品质与美观，尤其是清水白木不施油漆的门窗。

清水门窗的边框、抹头、夹堂板常选用杉、松、柳、楸等木料制作，其木纹清晰。选用木料时木纹尽可能要一致。在窗扇中一律根部朝下、梢部朝上。旧说"木不倒竖"寓意吉祥，实际上正立而不倒竖使木门窗上轻下重，符合力学原理，使窗扇不易变形，经久耐用。统一的木纹也更为美观协调。

此外，若采用镂雕，选材则更为讲究。如用楠木与紫檀分别雕刻后镶嵌拼装，就必须考虑其色彩深浅、冷暖对比的效果，精心构图后选材。

中国传统门窗格心花格的制作工艺，是中国窗饰的一个奇迹。横竖交织、极其精细多变的花格，使用大量细小的条木窗棂榫接而成。窗棂的条木要加工得极其规整、方正、整齐划一。窗棂的断面形状多样，将看面做成花棱其制作加工称为"起线"。常用的窗棂断面有圆线、凸线、凹线、文武线、亚面线、海棠线等。

榫接的方式主要有三类：一是攒式，又叫齐肩直榫，适用直角对接。二是攒插，适用于直角、斜角及各种不同角度的搭接。三是卡榫，又称公母榫，所有榫接都要求严丝合缝、"嵌不窥丝"。如卡榫结构除了要求十分准确、精密之外，还要遵循一些构造要求，如立棂，朝外的正面不做榫口，只能在后面做；卧棂只在朝内的背面做榫口，这样在正面拼接成形后的缝隙均为垂直走向，以免积水而导致木材腐烂。不可思议的拼接设计，精密准确的榫卯结构令人惊叹，也给人以工艺美的享受。

中国传统门窗装饰的木雕，与家具摆设器件的木雕工艺有所差异，而且各地区的传统做法也不尽相同。门窗装饰的木雕最常见的是浮雕与透雕。浮雕多位于门窗隔扇的绦环板和裙板，透雕常用在门窗的格心。最常见的是木雕与棂格相结合，采用雕榫结合的工艺。门窗装饰中基本不采用圆雕，只是在个别多层次的双面透雕花饰中采用部分圆雕的工艺与手法。

浮雕是中国传统的门窗装饰中数量最多的装饰形式，有浅浮雕、极浅浮雕、高浮雕、超高浮雕之分，各地区风格各异、地域特色鲜明，不乏工艺精品。

浅浮雕，以安徽黟县西递村一个小姐窗的护窗板为例，其上部镶嵌三组"双福捧寿"的雕件，下部浮雕蝴蝶、南瓜、寿字，寓意多子多孙、福寿双全。其画面对称、和谐，布局精当，雕刻刀工细腻，细部处理一丝不苟，可谓传统门窗浅浮雕的精品。极浅浮雕是浙江传统窗饰的一大特色，在浙江乡土建筑的窗饰中已作介绍。

高浮雕是窗饰中常见的做法，以福建宁德民居的四幅高浮雕为例：第一幅雕的是虾。双虾浪尖遨游，穿行水草之间。虾眼暴突、二夹锋利。虾是"三甲"之一，寓意子孙定有出息。第二幅雕的是鱼。空中，祥云托着圆月升起；水里，鱼儿在浪花中欢跃。鱼体丰腴、双圈突眼、扁嘴大张、鱼尾扇动、鱼形弧弯、天真可爱。鱼鳞似龙，作龙鳞纹。四只化龙鱼寓意事事如意。第三幅雕的是鲨。只见双鲨一正一反在水中翻滚，搅动水草飘逸，激起层层浪花。"鲨"在方言中与"孝"谐音，寓意子孙孝顺。第四幅雕的是蟹。描绘了衔着树枝的双蟹爬上岸边的情景：一只亮背，一只露腹，姿态生动潇洒。蟹亦"三甲"之一，寓意高中三甲。整组雕刻画面，构图紧凑、层次丰富、疏密相间；雕工酣畅、刀法淋漓、自由洒脱；形象准确、气势纵横、意趣古朴。木雕以海鲜为题，在运动中表现生命的活力，展示闲逸和谐的生活之美，表达海边渔民吉祥如意的生活追求。

超高浮雕在福建、台湾较为多见。如台湾竹山敦本堂门厅隔扇的四幅雕作。以万字格为地，动物花卉为超高浮雕，四周及正面均突出窗框，极富立体感，叶片盛密摇曳，似乎要伸出画面。场面逼真，线条优美，生趣盎然。其雕工娴熟、粗中有细，突显其个性特色。又如福建永泰嵩口民居的两幅绦环板超高浮雕。以一对鱼、一对虾作为主题，熟练运用多种刀工技法，既随意挥洒，又精致入微。画面中鱼虾的构图布局均称、有呼有应，在有限的空间中回旋游动，非但不觉得局促拥挤，反倒增加无比生趣。水草莲荷潇洒飘逸，把鱼虾摇头摆尾、欢快畅游的动感表达得淋漓尽致，给人鲜活逼真的感受。尤其是超高浮雕的处理，鱼虾竟高出画框板面，更显栩栩如生，似乎要跃出画面跳入人间。

透雕是门窗装饰中运用最广的形式，有单面透雕与双面透雕之分。双面透雕要求双面观看，又要保持画面完整，因此雕工难度更大。如安徽黟县西递村的四扇格心透雕。取吉祥如意对应春夏秋冬，以十二生肖配合牡丹、莲荷、秋菊、梅花。场面浩繁、穿插变化、丰缛热烈。刀工奔放、造型准确生动。又如云南剑川狮河村的透雕漏窗，雕刻的松树、莲荷、垂柳、鸳鸯、仙鹤，造型准确生动、线条绵婉纤丽，刀法倩媚、苍润奇雅，独具地域特色。再如福建永泰嵩口民居的四扇神龛窗透雕，其中众多的戏曲人物，与亭台楼阁、路桥树木巧妙结合。场面繁杂，但杂而不乱。层次丰富、交割清晰、构图紧凑、配置得当。其雕工细腻、刀法绚烂、形象准确，再加上镏金处理，更显富华滋丽，是传统民居门窗透雕中少有的精品。

此外，刻线阴雕，更是一种界于工笔画与木刻、浮雕之间的特殊形式，运用娴熟酣畅的刀工，以流畅的线条，刻画出的人物风景古峭奇辟。其地子清爽、线条简明、形象逼真，以清雅秀润的格调独领风骚。

门窗装饰的工艺美——安徽黟县西递村

门窗装饰的工艺美 —— 台湾民居(1)(2)

门窗装饰的工艺美(高浮雕)—— 福建宁德民居(1)～(4)

(1)

(2)

(3)　　　　　　　　(4)

(5)　　　　　　　　(6)

门窗装饰的工艺美——安徽黟县西递村(1)～(6)

门窗装饰的工艺美——福建永泰嵩口民居

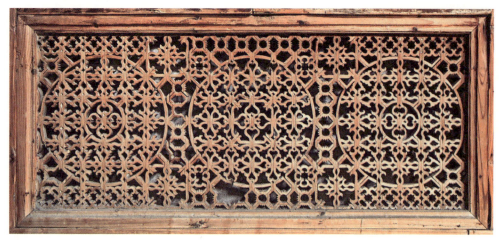

门窗装饰的工艺美（卡榫）
——福建宁德民居

门窗艺术

门窗装饰的工艺美（卡榫）
——福建永泰民居

门窗装饰的工艺美（卡榫）
——福建闽清民居

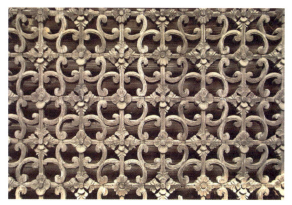
门窗装饰的工艺美（卡榫）——福建武夷山民居

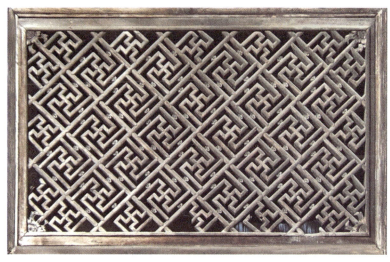
门窗装饰的工艺美（多种榫接结合）——福建武夷山下梅

（1）

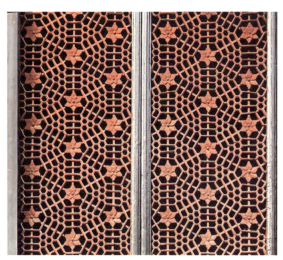
（2）
门窗装饰的工艺美（多种榫接结合）
——四川成都文殊院（1）（2）

门窗装饰的工艺美（多种榫接结合）——福建仙游民居

门窗装饰的工艺美（极浅浮雕）——浙江东阳卢宅

（1）

（2）

门窗装饰的工艺美（浅浮雕）——浙江东阳卢宅（1）（2）

门窗艺术

门窗装饰的工艺美（浅浮雕）——福建泉州民居　　　　门窗装饰的工艺美（浅浮雕）——四川民居

（1）　　　　　　　　　　　　　　　　　　　（2）

（3）　　　　　　　　　　　　　　　　　　　（4）

门窗装饰的工艺美（高浮雕）——浙江东阳卢宅（1）～（4）

(1)

(2)

(3)

门窗装饰的工艺美（高浮雕）——福建永泰民居（1）~（3）

(1)

(2)

(3)

(4)

门窗装饰的工艺美（透雕）——浙江东阳卢宅（1）~（4）

门窗装饰的工艺美（超高浮雕）——台湾民居

门窗装饰的工艺美（超高浮雕）——福建永泰民居

门窗装饰的工艺美（透雕）——福建平和绳武楼

（1）

（2）

门窗装饰的工艺美（超高浮雕）——福建永泰嵩口（1）（2）

(1) (2)

门窗装饰的工艺美（超高浮雕）——福建永泰民居(1)(2)

(1) (2) (3)

门窗装饰的工艺美（双面雕）——云南中和居客栈(1)~(3)

门窗艺术

门窗装饰的工艺美（刻线阴雕）——福建永泰民居

门窗装饰的工艺美（刻线阴雕）——福建永泰民居

（1）

（2）

门窗装饰的工艺美（雕榫结合）——福建永泰民居（1）（2）

门窗装饰的工艺美（雕榫结合）
——福建福州三坊七巷

门窗装饰的寓意美

中国传统窗饰图案各有吉祥寓意,第二章已经详细介绍过。在门窗装饰中通常是不同纹样组合使用,以传达更加丰富的寓意信息,尤为无声的语言,让我们想象遄飞,从而得到美的享受。

中国民间以福、禄、寿、喜、财这"五福"为主题的吉祥图案在窗饰中最为常见。

1. 祈福图

以磬与鱼组图,喻为"吉庆有余";三只羊谓之"三羊开泰";连株石榴,称"榴开百子",喻为"子孙兴旺";以瓜瓞与蝴蝶组图,喻为"瓜瓞绵绵,子孙旺盛";以戟、磬、如意组图,喻为"吉庆如意";百合、柿子(或狮子)、灵芝组图,喻为"百事如意";以蝙蝠、铜钱、绶带组图,喻为"福寿绵长"。四只蝙蝠谐音"赐福"、"赐富",有"迎福纳祥"之意。

2. 祈禄图

花瓶中插放三支兵器戟,喻为"平升三级";一只大猴背着一只小猴,喻为"辈辈封侯";鲤鱼跳龙门,比喻科举高中;一只螃蟹配两朵鸡冠花,喻为"一甲一名"、"官上加官";仙鹤立于鳌身,喻为"独占鳌头";喜鹊立于莲蓬,喻为"喜得连科";猴骑马上,喻为"马上封侯";一群梅花鹿,谓之"百鹿图"。

3. 祈寿图

五只蝙蝠围一个寿字,喻为"五福捧寿";蝙蝠、桃与双钱组图,喻为"福寿双全";龟或牡丹花与长寿字组图,喻为"富贵长寿"。

4. 祈喜图

双喜加上两只喜鹊,谓之"双喜临门";双鱼加双喜,喻为"喜庆有余";月季花和喜鹊,喻为"四季欢乐"。

5. 祈财图

凤与牡丹组图,象征富贵幸福,谓之"牡丹引凤";聚宝盆与金钱组图,喻为"添财聚宝";金鱼水草组图,喻为"金玉满堂";鱼与牡丹组图,喻为"富贵有余";海棠牡丹组图,喻为"满堂富贵"。又如冰格嵌梅花,意"梅花香自苦寒来"。荷花与螃蟹,喻为"和谐";荷花与墨鱼,喻为"和睦"。

此外,以同类物件或动植物组合,结合数字冠以风雅名称,也是窗饰中常见的手法。如一帆风顺,一朝富贵;二龙戏珠,双凤朝阳,和合二仙,双喜临门;三羊开泰,岁寒三友(松、竹、梅);文房四宝,四季花(芍药、羊踯躅、寒菊、山茶),四君子(梅、兰、竹、菊);五福捧寿,五子登科,五谷丰登;六合同春,六畜兴旺;七星宝剑,七香图(梅、百合、菊、桂、茉莉、水仙、栀子);八仙过海,八吉祥,八音(钟、磬、琴、箫、笙、埙、鼓、青);龙生九子;十全十美。一百个形体各异的寿字,谓之"百寿图"。同样是鱼的雕饰,民间把两条鱼谓之连行可观,寓意运程吉祥;三条鱼寓意守旧如新;四条鱼寓意事事如意。

吉祥如意是人类的普遍愿望。"吉者,福善之事;祥者,嘉庆之征"。如意原是搔痒的器物,后来转化为礼仪的象征物。人心趋吉,因为它满足了人们对吉利祥和的祈望。中国传统窗饰中展现出的吉祥图案是中国吉祥文化的图形符号。它是对人生的祝福,它给人们带来心理的平衡和精神上的寄托与慰藉。因此人们在欣赏门窗装饰时,托物寓意,目寄心期,唤起人们内心的激荡。门窗装饰图案成为一种道德教化、一种人格向往,其寓意美,理所当然成为身心愉悦的基础。

又由于传统建筑门窗经常是成双、成对、成组出现的。因此其装饰的内容也是成双、成对、成系列地展示。如苏州东山雕花楼前厅12扇隔扇中浮雕"二十四孝图"：如"孝感动天"、"佐舜掌天"、"文王问安"、文帝"亲尝汤药"、王祥"卧冰求鲤"、崔南山"乳姑不怠"、王衮"闻雷泣墓"、庾黔"尝粪忧心"、黄庭坚"为亲涤器"、孟宗"哭竹生笋"、陆绩"怀橘奉母"、仲由"负米养亲"、老莱子"戏彩娱亲"、曾参"咬指心痛"等，以木雕的形式展现古代孝子的故事以教育后代。

雕花楼东西厢房槛窗的绦环板上雕刻"二十八贤"苦读的典故，如"论语两句"、"不展家书"、"随月读书"、"应口成诗"、"不顾羹冷"、"道逢磨杵"、"囊萤读书"、"与圣贤对"、"人号圣童"等，以古代贤人自幼发奋读书、少年登科的故事，勉励后代。这些不仅是极具匠心的精雕之作，同时又是对中华民族传统美德的大力宣扬。

再如福建宁德某宅的隔扇，浮雕四副联对：

"荆圃有花应知兄弟乐，书田无税留与子孙耕。"

"孝悌慈道炳中天日月，诗书礼学成平地风雷。"

"鞠鞠若无能方成士品，彬彬而有礼才是人家。"

"念创业艰难须当积俭，思守成不易勿致奢华。"

以此作为家训教育家族后人，要兄弟和睦、遵守孝悌、读书识礼、勤俭持家。更有如福建永泰民居直接将"朱文公格言"刻在大厅的风窗上。这些门窗雕饰就如一本本封建礼教的教科书，门窗装饰以其深邃的寓意和内涵，承担起教育后代、传承文化的重任。

门窗装饰的寓意美
（"赐福"、"赐富"、迎福纳祥）
——福建清流民居

门窗装饰的寓意美（万寿无疆）
——江苏苏州雕花楼

门窗装饰的寓意美（坐伸颜回）
——江苏苏州雕花楼

（1）　　　　　　　　　　　　　　（2）

门窗装饰的寓意美——浙江东阳卢宅（1）（2）

门窗装饰的寓意美（囊萤读书）——江苏苏州雕花楼

门窗装饰的寓意美（道逢磨杵）——江苏苏州雕花楼

门窗装饰的寓意美（论语两句）——江苏苏州雕花楼

门窗装饰的寓意美（随月读书）——江苏苏州雕花楼

门窗装饰的寓意美（应口成诗）——江苏苏州雕花楼

门窗装饰的寓意美（不顾羹冷）——江苏苏州雕花楼

门窗装饰的寓意美（乳姑不怠）——江苏苏州雕花楼

门窗装饰的寓意美（负米养亲）——江苏苏州雕花楼

门窗装饰的寓意美（尝粪忧心）——江苏苏州雕花楼

门窗装饰的寓意美（文王问安）——江苏苏州雕花楼

门窗装饰的寓意美（朱文公格言）——福建永泰嵩口

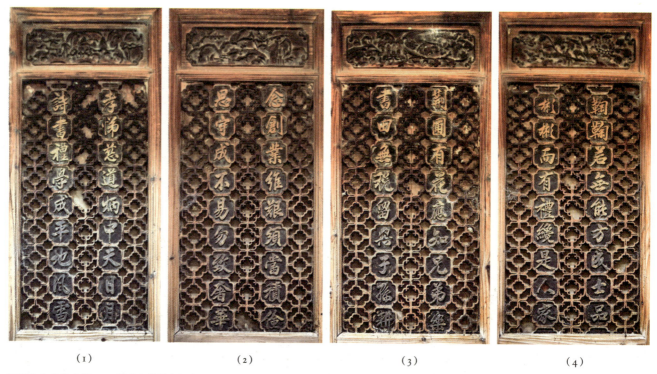

门窗装饰的寓意美——福建宁德某宅隔扇（1）~（4）

门窗装饰的寓意美——江苏苏州雕花楼

窗格图案的残缺美

飞速的现代化进程,使很多传统建筑被推平湮灭,或被破坏毁损。传统门窗装饰的命运比起传统建筑本身更为可悲,它往往首当其冲被拆除、被倒卖。尤其是"文革"中大破"四旧",无数门窗雕刻的人物脸部被铲平,致使传统民居中的木门窗现在很多已残缺、破损,它们往往被认为已失去价值。这是一个极大的认识误区。

残缺的门窗雕饰,其市场价值比起完整的无疑会打折扣。但是其历史价值、文物价值、艺术价值以及科学价值不会因此贬值。一扇残破的窗格雕饰,依然能给人们不可企及的艺术享受。如此的残缺令人扼腕,如此的残缺然而又如此的美丽。正如闻名世界的维纳斯雕像表现出的残缺美,给我们丰富的想象空间。这些属于历史的印迹,默默地对我们诉说着年代久远的故事,深深地印在我们的脑海之中,在时空的交错中,让人陶醉、令人神往。在这个意义上残缺或许比完整更加美妙。我们千万不要把它随意丢弃,有时也没有必要刻意修补。

此外,残缺的门窗,其窗格图案饱含诸多前人的创意,有的十分简洁洗练,还颇有现代感,无疑可以作为现代设计师们最好的参考资料,甚至可以直接套用。其实用价值毋庸置疑。

(1)

(2)

窗格图案的残缺美——福建永安安贞堡(1)(2)

窗格图案的残缺美——福建土楼

窗格图案的残缺美——福建尤溪坪寨村

窗格图案的残缺美——福建武夷山下梅

（1）　　　　　　　　　　　　　　　　　　　　　　　（2）

窗格图案的残缺美——福建漳州龙海（1）（2）

（1）　　　　　　　　　　　　　　　（2）

窗格图案的残缺美——福建永泰嵩口（1）（2）

窗格图案的残缺美——四川雅安民居

窗格图案的残缺美——福建宁德民居

窗格图案的残缺美——福建建宁民居

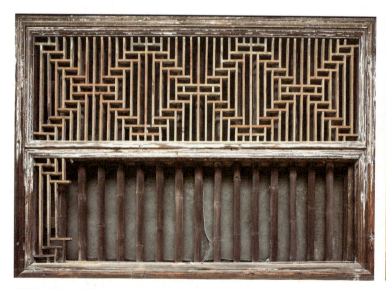

窗格图案的残缺美——福建仙游民居

窗格图案的残缺美——福建连城民居

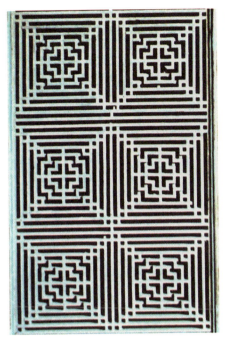  

窗格图案的残缺美——福建邵武民居　　窗格图案的残缺美——福建建瓯民居　　窗格图案的残缺美——福建永泰嵩口民居

变形汉字的装饰美

在中国传统门窗装饰中，把汉字作为装饰图案是其一大特色。这一点在福建的传统民居中表现得尤为突出。福建各个地区都有汉字装饰的传统，各地约定俗成的装饰手法各不相同。在闽南民居中，有的在门窗格心板上彩绘边框，框中白底上书写汉字诗词警句作为装饰，犹如挂在墙上的字画条幅、卷轴。

在福建闽东、闽北民居中，可见清水杉木的门窗格心。格心板上浮雕行书诗词，或者在格心漏花面上浮雕隶书诗句。所雕的汉字以木浮雕阳文的形式表现，它与石碑阴刻汉字的风格迥异。清水原木的质感和暖色调，让人觉得亲切、朴实、贴近自然。浮雕的汉字与墨书的汉字相比，别有一番情趣，立体的形象似乎更为饱满、有力。格心木雕的汉字，由木雕刀锋勾勒出的轮廓和立体空间的形式，把汉字书法的形式美推向一个新的高度、新的境界。

在福建的宁德市，门窗格心中的汉字组合在以漏花窗格作为图底的花饰浮雕饰件之中，汉字为楷书浮雕，施红色油漆加以强调。不仅引人注目，而且富有装饰性。这是宁德地区传统民居门窗格心独有的装饰手法。

在相邻的福安市，则完全不同，格心镂空透雕极为精细，福安市某宅透雕的"福"字以龙纹蟠蜒就是一个典型的代表。

在泉州市，传统民居中汉字的装饰又别具一格。在泉州后城某宅中，"春游芳草地，夏赏绿荷池，秋饮黄花酒，冬吟白雪诗"四句联对巧妙地以镂空窗格的方式镶嵌在四扇格心漏花之中。参照小篆字体，将汉字中的点、撇、捺和走之、绞丝、耳朵等偏旁，都被图案化成横平竖直的直线型构成，并以直木条卡榫连接，远看装饰图案与格心漏花融为一体，近看原来是变形的汉字，须细细端详才能看出字形。变形汉字的装饰徜徉在似与不似之间，吸引你的目光、勾起你的兴趣，你必须发挥想象力，才能猜出其中的奥妙，读懂它的含义。建筑装饰的终极目的达到了！

在泉州民居中采用这种装饰手法很普遍。有的把字的外形组成圆形，外围的笔画顺着圆周走向，中间仍然是横平竖直的直线型构成，形成又一种变化。在福建的光泽县用木雕篆字镶嵌，则是另一种式样的汉字装饰。泉州洪氏宗祠的门窗漏花，以万字纹为地，用浮雕的竹叶拼字，与花鸟云虫组合成一幅漏花装饰。在平和县民居中也有用木雕的竹叶拼成"禄"字漏花的。这些手法既富创意，又饶有趣味。

在福建省，传统民居门窗装饰使用变形汉字，范围之广、变化之多、内容之丰富，确是其他省份少见的。

在江南民居的窗饰中也不乏汉字装饰的例子，如浙江民居的万字锦地汉字窗饰，就是少有的精品。

中国传统窗饰图案中用得最多的汉字是"福"、"禄"、"寿"、"喜"，寓意吉祥、发达、长寿、喜庆。中华民族是最崇尚"福"的民族。《韩非子》卷六："全寿富贵之谓福"。古意"福"有"盈余"、"富足"、"保佑"等多重含义。通俗解释"福"字为"一口田、衣禄全"。对"福"的追求影响人的人生观与价值观。"福"是中国人最喜欢的一个字，其写法五花八门，或象征、或夸张、或畸变，时有出新，并赋予丰富多彩的寓意。在中国传统窗饰中，时常用草龙塑造"福"字的形象，经常左右偏旁各以一条龙或一龙一凤来表现，并没有严格按照汉字的笔画，而是以活跃生动的草龙大致蟠出一个"福"字的轮廓，似福非福，但中国人一看就认得是"福"字，其装饰的艺术效果正是妙在似与不似之间。

"禄"字在民间喻义发财，在门窗装饰中常与福寿喜等并用，"禄"与"鹿"谐音，所以常用鹿的形象来组字，或以龙凤组成禄字。

"寿"字是人类追求生命长久的象征。自古以来各种字体的"寿"字层出不穷、绚丽多姿。一个"寿"字有上万种写法，其字体变化之大、图案性之强、应用范围之广，在汉字中难觅其匹，在世界文字中罕见，在传统建筑门窗装饰中的运用最广泛、变化最丰富。江西婺源思溪村的百寿花厅，就是以寿字装饰门窗最典型的实例。其花厅外檐八樘隔扇的绦环板上采用剔底雕手法，刻出98个不同书体的寿字，其书法和雕工堪称精美绝伦。

"喜"字表示喜庆，两个连体的"喜"更是表达了人们盼望喜事成双来临。福禄寿喜字作为寓意深刻的象征性图案，在中国传统门窗花饰中的应用，是一种雅俗共赏的审美活动，具有很强的文化渗透力和深厚的社会根基。汉字虽然是一种文字语言，但它的造型与构成实际上是独特的视觉艺术，它凝结了华夏民族无穷的想象力与创造力，是华夏民族文化理念与视觉思维的结晶。它以中国独特的表现形式在传统建筑的门窗装饰中起到极其重要的作用。

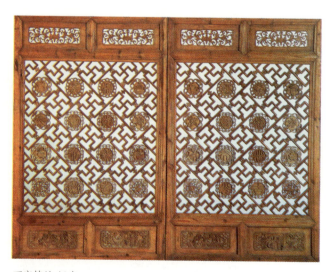

万字锦地-汉字

变形汉字的装饰美(春逝芳草地,夏尝绿河池)
——福建泉州后城

变形汉字的装饰美(秋饮黄花酒,冬咏白雪诗)
——福建泉州后城

变形汉字的装饰美——福建泉州洪氏忠祠浮雕竹叶拼字

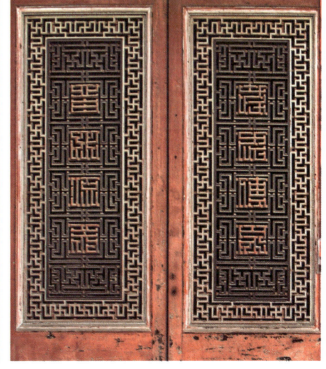

变形汉字的装饰美(书诗裕后)　　变形汉字的装饰美(河南衍派)　　变形汉字的装饰美(晋水流芳)——福建泉州民居
——福建泉州民居　　　　　　　——福建泉州民居

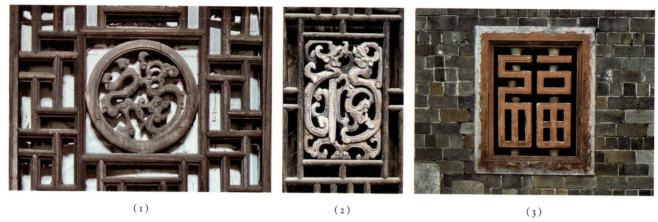

变形汉字的装饰美（福）——福建连城民居(1)~(3)

变形汉字的装饰美（福）——福建民居图样

门窗艺术

(1)

(2)

变形汉字的装饰美（龙凤福禄）——福建武夷山(1)(2)

变形汉字的装饰美（福禄）——浙江武义俞源村

(1)

(2)

(3)

(4)

变形汉字的装饰美（百寿）——江西婺源思溪百寿花厅(1)～(4)

变形汉字的装饰美（团寿）——福建福州民居

变形汉字的装饰美（寿）——福建宁德民居

变形汉字的装饰美（云龙福寿）——福建连城民居

变形汉字的装饰美（云龙福寿）——福建连城民居图样

变形汉字的装饰美（蟠龙吉寿）——福建民居图样

变形汉字的装饰美（双喜）——福建长乐

变形汉字的装饰美（平安双喜）——福建民居图样

变形汉字的装饰美（双喜）——福建清流民居

变形汉字的装饰美（双喜）——福建尤溪梅仙镇坪寨村

变形汉字的装饰美（双喜临门）——福建民居图样

变形汉字的装饰美（福禄寿）——安徽民居

变形汉字的装饰美（福禄双全）——浙江东阳卢宅

变形汉字的装饰美（福禄双全）——福建光泽民居

变形汉字的装饰美（福寿康宁）
——福建长乐民居

变形汉字的装饰美（福寿）——湖南凤凰城民居

变形汉字的装饰美——福建永春民居

变形汉字的装饰美——福建永安安贞堡民居

变形汉字的装饰美——福建福安民居

变形汉字的装饰美 —— 福建宁德民居(1)~(3)

变形汉字的装饰美 —— 福建清流民居(1)(2)

左:(1)
右:(2)

门窗艺术

变形汉字的装饰美——福建连城民居

变形汉字的装饰美——福建连城民居

变形汉字的装饰美——福建连城民居

变形汉字的装饰美（将看中秋玉杵耀，与闻此日桂子香）
——福建平和绳武楼民居

变形汉字的装饰美（五福捧寿）——四川雅安民居

左：变形汉字的装饰美（福禄双全）——福建平和绳武楼
右：变形汉字的装饰美（孝悌忠信）——福建平和绳武楼

变形汉字的装饰美（富贵玉堂春）——台湾民居

变形汉字的装饰美（日日有见财）——福建泉州

变形汉字的装饰美（金）——福建厦门大嶝

变形汉字的装饰美（招财进宝）——福建泉州

龙纹装饰的独特美

龙是中华民族的图腾。龙纹装饰是中华民族传统文化独特的象征，是中国传统建筑中广泛应用的装饰纹样。

中国龙的祖形——公元前4000～前3000年，新石器时代红山文化的玉猪龙是迄今考古发现中最早的龙的形象之一，其龙体蜷曲无足像蛇身，它作为原始的图腾是基于人们对蛇的畏惧心理，故而产生蛇崇敬的产物。随着华夏民族的形成与发展，龙作为各部族图腾的融合，形象极其丰富。殷商时期已出现夔龙纹、蟠龙纹装饰。西周中期以后形状渐趋图案化，运用较多曲线，龙形更为流畅。

东周时，龙的形象更多样，龙纹图样及整体造型更简化，各种缠绕、重叠的龙纹大量涌现，更富装饰性。秦汉时期的龙已成近代龙的雏形，出现蛇形龙与兽形龙两种造型。隋唐时期龙的背鳍、腹甲、肘毛、髭鬃更加完备，结构更复杂，细节描绘更丰富。宋元时代，蛇形龙成为主导。其中五爪龙成为帝王专属，民间只能用三爪或四爪龙。

到明清时代，龙的形象已定型。龙被进一步神化成为皇帝的代名词。对民间限制更为严格。

北京紫禁城作为皇宫，整个就是一个龙的世界。从屋顶到檐下的彩绘、天花、藻井、台基、栏杆、御道，无不充满龙的装饰，门窗当然也不例外。有人统计，仅一座太和殿就有12654条龙纹装饰。

北京故宫太和殿的门窗用龙纹装点，表示它的最高规格。龙纹主要集中在绦环板和裙板上。一色镏金浮雕，皇帝专属的五爪龙形象金光闪闪、雍容华贵，象征皇权的威严与霸气。

在民间对龙的使用虽然有种种限制，但民间仍把龙当做吉祥如意的代表。民间还有"龙生九子"的传说，龙的家族进一步扩大，龙的形象更加丰富：以形象区分有蛟龙（有鳞）、应龙（有翼）、虬龙（有角）、螭龙（无角）；以动态区分，云气绕身露头藏尾的叫云龙，盘成圆形的称团龙，正立的谓坐龙，侧立的谓行龙，向上飞腾的称升龙，向下俯冲的称降龙；以喜好区分，好水的名蜻龙，喜火的名火龙。

福建闽南、闽西和台湾地区的"螭虎炉"是龙纹装饰的一种表现形式。民间传说螭龙为龙生九子之一，使用螭龙是为了回避象征帝王的龙而已。常用螭龙为首，云纹或卷草为身，以两条龙或四条龙蟠成香炉状，构图变化丰富，极富装饰个性。其独特的形态使线条美、结构力和吉祥的含义达到最高境界的结合。

在其他省份民居的龙纹虽然不如福建这么集中，但都可以找到很精彩的龙纹装饰精品。在福建以外的许多地区更多见到的是拐子龙或草龙的装饰，即经过变形简化了的龙头和卷草叶或拐子纹组成的龙身，拼接组合而成的龙纹装饰。拐子龙又像古青铜器上的夔纹，因此又称夔龙。它们构图自由、可简可繁，因此演变出丰富多彩的龙纹装饰图案。从而造就了中国传统门窗装饰的一大艺术特色。

门窗艺术

(1)

(2)

龙纹装饰的独特美（龙）——清西陵慕陵隆恩殿（1）（2）　　　　龙纹装饰的独特美（龙）——北京故宫太和殿

龙纹装饰的独特美（民间四爪龙）——云南丽江民居

龙纹装饰的独特美（游龙嬉凤）——福建民居图样

龙纹装饰的独特美（民间四爪龙）——福建民居图样

龙纹装饰的独特美（龙）——山西五台山龙泉寺

龙纹装饰的独特美（龙）——福建东山关帝庙

龙纹装饰的独特美（龙）——福建龙海白礁慈济宫

龙纹装饰的独特美（草龙）——福建金门民居

龙纹装饰的独特美（草龙）——民居

龙纹装饰的独特美（龙翔凤舞）——民居图样

龙纹装饰的独特美（蟠龙鼎）——福建民居图样

龙纹装饰的独特美（草龙）——江西吉安燕坊

龙纹装饰的独特美（双龙戏珠）——云南溮河村民居

龙纹装饰的独特美（螭虎炉）——蟠龙鼎图样

龙纹装饰的独特美（螭虎炉）——福建永定福裕楼

（1）

（2）

（3）

龙纹装饰的独特美（螭虎炉）——福建金门珠山（1）～（3）

龙纹装饰的独特美（螭虎炉）——福建土楼

（1）

（2）

龙纹装饰的独特美（螭虎炉）——福建龙海民居（1）（2）

龙纹装饰的独特美（螭虎炉）——福建龙岩西陂天后宫

龙纹装饰的独特美（云龙）——夔龙嬉水图样

龙纹装饰的独特美（云龙）——福建泉州民居图样

（1）

（2）

龙纹装饰的独特美（云龙）——福建清流民居（1）（2）

门窗艺术

(1)

(2)

龙纹装饰的独特美（拐子龙）——福建泉州民居图样（1）（2）　　　龙纹装饰的独特美（云龙）——福建清流民居

附：门窗艺术（上册）目录

001	引言	
002	发展历程　时代印记	
012	类型丰富　异彩纷呈	
	按建筑类型分类	012
	按门窗造型分类	023
	按制作材料分类	061
086	装饰图纹　寓意吉祥	
	几何纹饰	086
	汉字纹饰	143
	雕刻纹饰	147
	组合纹饰	168
173	个性独特　各擅胜场	
	皇家建筑的窗饰 ——封建等级文化最高形制的展现	173
	寺庙建筑的窗饰 ——神灵崇拜的心灵寄托	180
	宗祠建筑的窗饰 ——尊祖敬宗风木孝思的载体	190
	园林建筑的窗饰 ——中国传统自然观的形象展示	200
212	附：门窗艺术（下册）目录	
214	后记	

后记

以往在调查福建传统民居的过程中，我搜集了门窗装饰的资料，设想日后把福建的门窗装饰整理成书。适逢中国建筑工业出版社计划出版《中国传统建筑装饰艺术》丛书，在张惠珍总编的极力鼓励下，我竟不自量力接下写本书的任务。刚一着手就意识到这个题目对我来讲确确实实是太宽广、太庞大了，因为中国古典建筑门窗装饰内容确确实实太丰富了，而自己手头掌握的资料确确实实太有限。难怪我深深敬重的一位老师直言："这个你也敢接？！"事至如此，不便推托，鼓足勇气搞下去吧。

原先想只搞一个省的，而现今定下搞全国的，困难多多呀：其一是边远地区如西藏、青海等省，尚未调研过，要填补必须前往搜集；其二是曾经去过的地区，以往仅仅是宽泛地考察，侧重点不在门窗，拍摄的照片质量不甚理想，必须前往重新拍摄，工作量之大可想而知；其三是时间的矛盾十分突出，一年多来几乎搭上了全部的业余时间。

然而，愈深入调查，愈是被各地造型迥异、技法精湛的门窗装饰所展现出的美所折服；愈深入调查，愈是真切地感受到中国古典门窗装饰文化遗产的丰富多彩与博大精深，从而激发起愈加浓厚的兴趣。在寻访那些现代化洪流中幸存的古村落、古民居时，倾听村中耄耋老人娓娓道来的沧桑历史、触摸那些古代工匠精心创造的一件件艺术珍品、目睹了诸多濒临灭绝的残破窗饰……由衷的感动和无奈的叹息，激励我克服种种困难、近乎痴狂地去拍摄、去记录，祈望让更多的人来分享，让更多的人来疼爱和珍惜，祈盼尚存的建筑有朝一日能得以保护和修复，行将消失的建筑能保留下这只鳞片甲。面对愈发快速的破坏和损毁，出于保护和传承民族文化遗产的责任心，促使我竭尽全力。但愿本书能为世人提供较多的第一手资料，或欣赏或借鉴，或从中得到启发。

囿于个人的能力和学识，书中疏漏在所难免。我把它当做一次尝试，一个开端，恳切地希望得到各方专家的指正。

在此，我要感谢为出版本书给予帮助和支持的同道、好友。首先是令我感动的福州同乡、90多岁的吕凌华先生，他把一生搜集的福建窗格照片和资料，毫无保留地和盘托出供我参考；清华大学建筑学院的楼庆西老师、李秋香老师提供了珍贵的门窗照片和线描图；陈体伟、颜纪臣、戴志坚、梁章旋、洪铁城等同行，提供了西藏、山西等地民居门窗的照片；华侨大学的陈晓向老师和学生帮我线描门窗花饰，研究生张焱帮我纠正照片中那些歪歪斜斜的门窗。此外我在调研的过程中得到了各地有关单位及同行的指引和关照，在此一并表示最衷心的感谢。要感谢的人和事真是太多了，特别要感谢我的同事朱莹，她帮我打印书稿，由于我腰痛、经常躺着书写，文稿十分潦草，多亏她的仔细和认真。又因文稿不断地修改，她便不厌其烦地一遍又一遍地打印。最后，要感谢妻子陈立慕，她身体很差、独自承担了全部家务，我才得以利用全部的业余时间作书。她是本书的第一个读者，对书的初稿她经常提出很有意义的修改意见，没有她的努力和付出，本书是无法如期脱稿的。现在书出版了，是苦劳还是功劳理当与她分享。